THINK
BIG

Take Small Steps and Build the Career You Want

大 局 思 維

倫敦政經學院行為科學教授，
教你如何放大格局、掌握關鍵，
達成最有利的職涯擴張目標

葛蕾絲・洛登 Grace Lordan 著　　洪慈敏 譯

獻給我的母親麗塔

永遠愛你——葛蕾絲

Dedicated to my mum, Rita.

Love always——Grace.

「行為科學見解在全球被運用於各種領域中,卻從未見於職涯建構,直至今日——葛蕾絲‧洛登在《大局思維》一書中以有條不紊、強而有力、簡明扼要的方式做到了。」

——《影響力》(*Influence*)與《鋪梗力》(*Pre-Suasion*)作者
羅伯特‧席爾迪尼 Robert Cialdini

「這是一本罕見以證據為基礎的自助書。葛蕾絲‧洛登藉由行為經濟學和心理學的知識來分享一系列精闢、實用的訣竅,幫助你擺脫既有模式,邁向職涯目標。」

——《紐約時報》暢銷書《反思的力量》(*Think Again*)與《反叛》(*Originals*)作者、
TED Podcast《工作生活》(*WorkLife*)主持人 亞當‧格蘭特 Adam Grant

「想要讓事業步步高升,同時保有快樂人生?《大局思維》絕對幫得上忙。它提供便利、科學導向的職涯建構架構,讓你即使再忙碌都能輕鬆應用於日常生活中。」

——華頓商學院教授、暢銷書《人心催化劑》(*The Catalyst*)作者
約拿‧博格 Jonah Berger

「踏上大格局的旅程——小至自我、大至世界——葛蕾絲‧洛登是充滿智慧的致勝嚮導。她寫的終極入門書帶你從微小改變達到遠大目標。」

——《什麼時候是好時候》(*When*)、《動機,單純的力量》(*Drive*)及
《未來在等待的銷售人才》(*To Sell is Human*)作者 丹尼爾‧品克 Daniel H. Pink

「葛蕾絲・洛登博士創造了一本任何人都能閱讀並改善工作生涯的重要書籍。以行為科學為基礎，她讓我們了解所有人都可以施展抱負，同時甩開煩惱擔憂與自我懷疑。」

——《工作的樂趣》（The Joy of Work）作者
布魯斯・戴斯利 Bruce Daisley

「在這本必讀好書中，葛蕾絲傾囊相授，助你將職涯提升到另一個層次。《大局思維》不但啟發你拓展格局，也促使你立即行動，將夢想化為現實。當你的思維變得宏大，開始每天一步一腳印地往前進，任何事都做得到！」

——英國知名人生教練
賽門・亞歷山大・王 Simon Alexander Ong

「如果你知道現在該把事業目標往上提升，《大局思維》能提供你清楚明確的行為科學工具包，幫助你實現自己的目標，把現狀逆轉為更大、更好、更快樂的未來。」

——《重塑你自己》（Reinventing You）作者、杜克大學富卡商學院高階管理教育教師
多莉・克拉克 Dorie Clark

「引人入勝、講求務實、見解深刻。讀《大局思維》就像有一名精明的績效教練坐在腦袋裡，將你導向你真正想要的職涯道路。」

——Think Productive創辦人
葛拉漢・奧爾科特 Graham Allcott

CONTENTS

CHAPTER 1

起點

我們要放大格局,設定未來目標,從小地方做起,利用行為科學成就你心目中的事業。

聚焦於你能採取的規律小步驟以實現理想,多方嘗試科學見解使你能持之以恆地採行規律的小步驟,並閃避會阻礙你邁向大格局的偏見及其他障礙。

要想像一個工作不快樂的人並不難……

以凱蒂為例，她念完歷史系、從大學畢業後，便進入一間大型廣告公司受訓。受訓期間她展現出行銷方面的特長，實習結束前就拿到了全職合約。凱蒂對這個職位得心應手。當時社群媒體行銷正在崛起，凱蒂很快地掌握要領，她的客戶以大型食品公司為主。接下來她幾次出馬都大獲成功，不是活動得獎就是爭取到新客戶，一路升遷。

二十多歲的青春飛逝而過，事業也看似飛黃騰達。現在三十五歲的她已經是一個全球團隊的負責人，為世界上最大的幾間食品生產公司提供網路行銷解決方案。她深受同事喜愛，薪水優渥，人人稱羨。

但凱蒂討厭她的工作，和許多人一樣，她一開始並無意踏入這一行。面對目前的成就，凱蒂表面上覺得自己應該要享受人生的黃金時光，但內心卻總是苦不堪言。她需要改變，但要改變什麼呢？

凱蒂代表那些表面上看似人生勝利組，事實上卻渴求不同可能性的人。她想要中斷工作生活，把自己的格局放大。

凱蒂不是唯一需要把格局放大的人……

以雷揚希為例，他沒有把大學念完。雖然他一直想要

回去讀書，但從來沒有實行，而是在服務業換了好幾個工作。他當過酒保和服務生，發現自己最上手的是當咖啡師。過去這幾年他都在一間咖啡店工作，自從他加入以來，死忠顧客群一直穩定成長。

雷揚希很會煮咖啡，但這不是咖啡店生意這麼好的原因。顧客願意再度光顧是因為雷揚希本人。他風趣迷人，有時還會免費請你喝咖啡——也許是因為今天天氣很好，或單純因為他喜歡你的外套——即使老闆總是笑嘻嘻地斥責他。雷揚希不是店裡手腳最快的咖啡師，他常常忙著跟人聊天，也時常無視集點卡送贈品的規矩。但所有人都看得出來，雷揚希為這家店帶來了莫大價值。他是優秀的值班主管，教導實習生也很有一套，就連最難搞的客人都能滿臉笑容地離開。

不過，雷揚希並不滿足。當個咖啡師不錯，但並非長久之計。首先，薪水不是太高；再來，雖然煮咖啡、與人互動很好玩，可是他想從工作中獲得更深層的意義。

雷揚希象徵著那些，沒能在社會期望的特定時間內開創事業的人。要是起步得比同儕晚，又不確定熱情在哪裡，可能會相當氣餒。他需要放大格局，把自己帶向未來，找出一條更有成就感的職涯道路。

雷揚希也不是唯一需要重新想像事業走向的人……

以胡安為例，他在投資銀行任職，如魚得水。他很喜歡自己的工作和同事，即使一星期工作超過五十個小時也不以為意。胡安現在管理一個十人團隊，付出極大心力帶領他們。他是公司裡的中階主管，過去這五年來，他看著自己帶領的團隊成員，在組織裡快速往上晉升，其中兩人的職位甚至已經遠遠超越了他。胡安雖然衷心祝福，但他不明白相比之下，為何自己卻停滯不前。他逐漸心灰意冷，卻還是強顏歡笑。

胡安是一個維持穩定水準但渴求進步的好例子，他需要重新思索自己接下來幾年該如何突破事業高原期。

凱蒂苦不堪言、雷揚希無力開創、胡安停滯不前。或許你翻開這本書，是因為你也正面對相似的難題。

或許你已經知道你想要在事業上達到什麼程度，但不確定從何做起。或許你根本還沒搞清楚，只知道現狀不該如此。又或許你覺得自己知道該往哪裡去，理論上也握有方法，但某個人卻從中阻撓——可能是壞老闆，也可能是扯後腿的同事。

別害怕。

本書將幫助你從小地方做起，利用行為科學成就你心

目中的事業。

結合多種學科的行為科學，旨在了解人為何做出某種選擇，並找出微調環境的簡單方法來得到不同的結果。行為科學有助於解釋人為何在職涯中跌跌撞撞，也有助於了解為何有些人從一開始就進不了比賽或是一遭遇失敗就退出。行為科學教導我們要放大格局，設定未來目標；也教導我們每天用以一小步來支持大格局，最終便能抵達想要去的地方。

身為倫敦政經學院的行為科學教授，不管是指導碩士和主管級學生，還是對業界人士演講，我一定都會闡明一個道理：我對人類行為的研究，有助於解釋為何他們想要的結果沒有實現。

我也會在本書中做同樣的事，我將解釋為何你正在努力的目標尚未實現，並告訴你如何**克服**這些困難。我將結合自己的獨到見解以及行為科學新領域的研究，再加上經濟學、心理學和管理學課題來推動你建立理想職涯。我雖然幫本書故事中的人物換了名字以及可識別的個人資料，但他們的經驗在本質上是真實的。你甚至可能看到自己身處其中。

或許你正在創業或停業中，或許你剛上大學或考慮退

學，或許你想爭取升遷機會，或希望調到其他部門。你可能跟許多人一樣，工作得無精打采，需要改變。

不管你身處於哪個職位、產業或職涯階段，我保證你一定可以從本書中找到寶貴的教訓，幫助你思考未來大格局並設定大目標。為了幫助你達成這個目標，本書也將聚焦於你能採取的規律小步驟以實現理想。同樣重要的還有行為科學見解，使你能持之以恆地採行規律的小步驟，並閃避會阻礙你邁向大格局的偏見及其他障礙。

我如何成為今天的我

在2011年12月，我來到倫敦政經學院擔任助理教授，滿腔熱血、興奮和期待。新職位做了約六個月後，我和一名我既崇拜又尊敬的教授有了一場對話。當時談到我未來職涯接下來該怎麼走，他表示我至少要再花五年才可能當上資深助理教授，而且極有可能不會如此順利。

聽到要花這麼長的時間，我的心都涼了，感覺像個洩氣的皮球。如果我是漫畫中的人物，頭上應該被畫滿了烏雲。得知這個震撼的消息後，我內化了這位「消極教授」

給我的反饋，進入撞牆期，甚至可以說是一瀉千里。我對研究的熱情逐漸消退，工作也不再有效率，老是想著自己跟其他人比起來有多平庸。

消極教授給我的意見成了自我應驗預言；像這樣從可靠來源而得的預測，是我們自己讓它成真——因為受到影響的人相信了這種說法，據此改變了自己的行為。在這個案例中，我心目中的導師認定我的能力僅止於此，對我的表現造成了負面影響，最終導致我**確實辜負**了眾人的期望。但這位教授對我的認識並不深。事實上，他根本不了解我。

我在某一個失眠的夜晚突然想通了這一點，就像被打了一記耳光。消極教授對我所做的敘事與實際並不相符，就像是以刻板印象為基礎的童話故事。他用對「葛蕾絲」的不正確觀感，去構成了這些原型。別人可能看到我放鬆的樣子，便誤以為我沒有認真看待自己的事業。又或許當時我承認手上的計畫確實很難完成，於是對方就幫我貼上「完成不了計畫」的標籤。同樣地，女性在經濟學界仍是稀有動物，而步步高升的例子更是少之又少。或許對他來說，我進入學術界根本就已經是個異數——沒有常春藤名校背景——而這在他眼中，就代表了我成功的可能性低得

可憐吧，誰知道。

那一晚我領悟到那位教授錯了，我也確信他對我的敘事，完全就是由他個人的認知偏誤和盲點所構成。

但我能做什麼呢？

當下我可以做到的簡單改變，就是找位不同的導師。所以我便這麼做了，而且還一次找了三位。我仔細傾聽他們的建議，這個過程非常重要，因為我真心相信傾聽反饋的力量。我也相信如果每個人都跟你說此路不通，那你就該認清事實。舉例來說，假如他們全都說了跟消極教授一樣的話，說我幾乎不可能在五年內當上資深助理教授，那我就該明智地接受，並好好提升自己的能力。但結果並非如此，事實上，再也沒有人提出跟消極教授一樣的觀點。

那麼五年後發生了什麼事？我已經被拔擢為副教授（比資深助理教授的級別還高），寫出來的履歷也夠格升任教授。我遠遠超乎了自己的期待：擁有夢想中的工作和清楚的發展道路。順帶一提，自此後，我也避免在研討會上與消極教授碰到面。

或許更重要的是，我變得比較快樂，頭上再也沒有烏雲了。如果我繼續內化第一個聽到的反饋，把它當成難堪的現實，可能現在就不是這樣了。如果我沒有繞過那個障

礙，便不會成為今日的我。

我很幸運，當時我正好在做有關這種障礙的研究。我把自己當成實驗室，深入鑽研人類行為的學問，最後成為了行為科學家。

如今，你可以在倫敦政經學院的康諾特校舍找到我，我在此擔任行為科學副教授，朝教授之路邁進。我是新創立的行為科學理科碩士學位學程主任，也是倫敦政經學院包容倡議（The Inclusion Initiative）總監兼創辦人。我的研究目的是**了解人們為何選擇現在的工作，以及為何某些人能更順利地達成目標**。我的研究結果清楚顯示**我們的職涯中雖然有些因素無法掌控，但大部分取決在己**。這一點促使我為許多企業領袖提供建議，幫助他們為員工創造公平的競爭環境，確保員工全憑能力、技術和天賦獲得報酬。

然而，本書從另一種角度檢視問題，把重點放在**激勵個人放大格局，透過規律小步驟打造理想職涯**。

為何我們裹足不前？

擁有偉大的夢想很簡單，但實踐卻很不容易。今時今

日要想在工作生涯中不迷失方向很困難，無論是科技日新月異，還是因應全球化趨勢，都導致我們所需要的技能隨時都在改變；如今尚且炙手可熱的工作，**轉瞬**就成了明日黃花。更多人發現自己在身處於「贏者全拿」的工作生態中，因為從傳統職場到現代新創公司，被視為頂尖的人，才能得到極優渥的報酬，但只是稍微差他們一點，卻只能得到極其普通或更微薄的待遇。

如果你現在正全力衝向明確的終點線，難免會覺得筋疲力盡。如果你現在正勤奮不懈地工作，但是心中沒有方向或最終目標，那可能會感覺更糟。我們之中有許多人為了追求成功而犧牲了自我照顧，我們錯過家庭聚會、健康檢查、忘了特別節日等。**如果我們承擔了失去幸福快樂的風險，那更應該憑著影響力、技術、能力和天賦，來獲得相應的報酬才對！**否則承擔這些風險就不值得了。

所以我們付出努力，提升自我技能。某些人確實開創出驚人的成果——突破性的研究、創新策略，或是讓每個人都能過得更好的產品。照理來說，這樣總該獲得相應的報酬了，對吧？

但很遺憾地，足以決定誰能得到何種報酬的理由和過程，一點也不明確，而且通常不太公平。每天都有優秀的

新產品失敗、真正的天賦被埋沒、寶貴的創新被摒棄。**認知偏誤通常是我們想法動搖、事業卡關的原因。**這些偏見可能已經一而再、再而三地影響你和你的職涯,當你注意到時,甚至露骨到讓你忍不住落淚。能夠影響你職涯發展的人若是顯露盲點,讓你的路途變得更遙遠,任誰都會感到挫敗,更難以樂在其中。如果你的創新點子被──「我們一直以來都這樣做」一句話否決,或不得不在官僚體系、繁文縟節和遊說關說之間,不斷浪費時間鬼打牆,你可能會沮喪不已。如果你在職場上看見天資聰穎的人才,只是因為學歷不夠好、人脈不夠廣或長相不夠出色而無法往上爬,你或許會忿忿不平。

但不是只有其他人──認知偏誤的影響不僅限於別人的行動(或不行動)。**我們自身**的認知偏誤也會讓我們裹足不前。

你可能認為自己是個好的決策者,總是經過深思熟慮之後才做決定,不會受情緒左右且條理分明,對吧?

但你錯了!

行為科學無疑證明了**大多數時間,我們的決策會嚴重受到認知偏誤和盲點的阻礙,不論我們自認思考有多周全;並堅信自己是有目的地在行動,然而實際上我們卻不**

如自己想像中的那麼理性。

自身的認知偏誤會如何讓我們在工作上裹足不前？如果你是大公司的員工，請試想一下，為什麼你不爭取明年升遷的機會。是因為自身還沒符合條件？還是（如同多數情況）公司內的升遷標準不清不楚？

我們先退一步回來討論，什麼是理性決策？

「如果我很理性，想盡快得到升遷的好處，獲得更高的收入和地位，卸下身上的重擔。既然升遷的標準不清不楚，那何不早點為自己爭取，就當碰碰運氣也好？

又或許是，我太過重視被拒絕的代價。」

如果你這麼想，那就是認知偏誤困住你，使你裹足不前。你不僅高估了被拒絕的代價（感到受挫、痛苦、丟臉等等），也低估了萬一成功所帶來的好處。

對多數人而言，預期被拒絕的心理，往往會強烈到讓我們不願意積極把握機會。我們預期被拒絕是一件很可怕的事，會使我們連想都不敢想。不過，實際上這樣的經驗並不如我們預期得那麼糟，還是有光明面。我被拒絕時會以一杯好的紅酒和一些巧克力來為自己打氣，然後準備下一次的嘗試。最重要的是，我們會從嘗試和失敗中獲益匪淺，並汲取人生經驗。

我再舉一個例子，你是否厭倦目前的工作，一心懷抱創業夢？你可能有一個很酷的產品點子，但一想到要失去穩定收入就冒出一身冷汗。所以你繼續長途通勤，卻又隱約地擔心自己與人生志業擦身而過。

　　這樣理性嗎？你是否認為決策不是全贏就是全輸，而低估了後悔的代價？你有沒有考慮到，當你到了八十歲還沒有追尋夢想，產生「要是當初……就好了」的遺憾？

　　我們自身的認知偏誤讓我們裹足不前。事實上，對多數人而言，這就是最主要的問題。如果我能夠確實地自我反省，就會知道認知偏誤的比例有八成來自於自己、兩成來自於他人。我被早該放棄的案子卡了太久，陷入***沉沒成本謬誤（sunk cost fallacy）***，因為之前投入了資源，所以儘管前景不佳我還是硬著頭皮做下去。我還因為嚴重低估了完成基本任務所需的時間，而陷入***規畫謬誤（planning fallacy）***，它在你相信一切都會在「最理想的狀態下」進行時出來搗亂。

　　在事業的不同階段，我曾覺得自己在力求表現時像個冒牌貨，儘管資歷經驗都站得住腳。這顯示出，就算我們意識到***冒牌者症候群（imposter syndrome）***的存在，還是很難不落入其陷阱。我也曾拖延拖到天荒地老（包括寫這

本書時），只為了逃避失敗或被拒絕的痛苦。

　　能了解到在漫長的職涯中跌跌撞撞、原地踏步、走回頭路甚至逼近懸崖邊緣的原因有一部分來自自己，反而讓人感到釋懷。承認**自身的**偏見可能成為阻礙，將促使我們變得積極。如同先前提到的比例，我可以掌控百分之八十的認知偏誤。這麼做能大大影響我的職涯發展。對你來說也是如此——雖然你的比例不一定相同。

　　我希望你從今天開始掌控自己的職涯，利用行為科學見解幫助你訂立並追求新的大格局目標，或衝過終點線去實現長久以來的夢想。

何時才能達成目標？

　　當我們了解認知偏誤如何影響我們，而開拓了自己的眼界，一定會想要為新的歷程設定明確的完成期限。但，我會建議你，盡量別這麼做。每個人的歷程怎麼走，看的是天分、努力和運氣。你可以奮發向上、磨練才華，但控制不了運氣。我們可以確定的一點是，你將花上好幾年的時間，經歷一段事業轉型的過程。

沒錯⋯⋯好幾年的時間！

某些人兩年、某些人五年⋯⋯如果你把目標放在成為國家領袖、大企業執行長或開發出下一個畫時代的產品，甚至可能得花十年以上的時間。

不過別驚慌！這一路上你會有很多樂趣。你不必等上數年的時間才能得到收穫。事實上，我很確定你馬上就會感受到自己的成長。像是從紐約到舊金山的公路旅行，一路上你會經過關鍵里程碑，也會有純粹欣賞風景的時刻，以及很多刺激好玩的經驗。

公路旅行的重點不僅僅在於到達目的地，
旅程本身就是一種收穫。

同樣地，在職涯的道路上不免遇到爆胎或景色枯燥無味的情形。你也可能選擇停下來休息，把時間留給其他重要的人生事件。如果你買了一本保證讓你在一星期或一個月內到達新目的地——或做出人生重大改變——的書，我希望你有機會拿去退掉。因為每個人都有潛力成就非凡，但要是這麼容易做到，大家早就做了。

除非你能完全**翻轉**人生，否則還是實際點，要知道大

格局是中期歷程，會花上數年而非數天、數週或數個月的時間，但不須耗上大半輩子。這個方法也能幫助你取得工作和生活之間的絕佳平衡。你不必孤注一擲，就算沒有每一天都走在正確的道路上，也不是世界末日。**維持好的工作生活平衡應該是追求任何大格局目標的核心。**

來一場思想實驗，回想一下五年前的自己。在心裡做筆記，這段期間你經歷了哪些人生的重大轉變。不一定要和工作有關，可能包括感情狀態改變、喪親、移居、生子、攻讀和完成學位、減去大量體重、跑馬拉松等等。你覺得你的個性有變嗎？你是否換了穿著打扮或髮型？把你記得的顯著變化全部列成清單。接著寫下你認為**未來**五年你會做出的改變。

我在教主管級學生了解行為科學時，有時也會做這個練習。但我不會請他們兩邊都列，而是只有其中之一。每一次我都會發現，回想過去五年的人，所列的清單通常會比另外一組長，整體而言也比較有企圖心；反觀展望未來五年的人卻並非如此。但他們大多都是被選來上課的企業領袖！照理來說，應該要期待未來發生重大改變吧？

所以問題出在哪裡？

大部分的人在回首過去時，都會認為自己經歷了許多

重大轉變；然而，想像未來五年的時候，卻認為自己不會有太大的不同。也就是說，我們假定以後的自己，會跟現在差不多。不過，這完全是行為科學的錯覺。**無論年紀多大，人往往會低估未來能夠達成的中期目標，但又認為自己在過去已經取得重大的中期進展！**[1]

所以以我們的角度來看，未來的我們是低成就者，而過去的我們卻是高成就者。試想要是你有意識地為過去二、五或甚至十年設定大格局目標，並且一點一滴去達成，現在已經有了什麼成就？與其煩惱下個月的薪水、下一次加薪或下一波升遷，不如把格局放大，設定一個不同的目標。你可以追求真正想要的東西。**相信我——大格局和小步驟能讓你煥然一新！**

不過，身為人類，我們都很沒有耐心。往往偏好崇高的短期目標，很興奮地想要早點看到自己的進步。這一點很容易理解，但也容易招致失敗。除非徹底改變人生，不然我們常常無法在短期之內做出必要的改變。你的腦中出現一股聲音，開始大喊：「太難了、不開心、人生苦短。」最後你只好放棄。

一旦你放棄了，你會得到一個教訓：自己是個半途而廢的人。接著再下一次尋求改變時，你又會想起自己就是

個半途而廢的人，所以──何必自找麻煩呢？

大格局從來都不是全贏或全輸。規律、微小的正面行動都
會對重要的人生結果產生極大的正面影響力。

你是否試過在短時間內不吃碳水化合物來減重，卻又因為忍不住大啖美食而破功？這是同樣道理。你是否每年許下一模一樣的新年新希望，但從來沒有實現過？像是戒菸、多讀一點書、少喝一點酒？或許每年的12月31日你都下定決心要整頓事業，但到了1月31日還是處於苦等週末到來的無魂有體模式。常見的狀況是到了1月底，我們已經沒有能量和動力去實踐當初那個理想的計畫。設定短期目標反而容易讓多數人步向長期失敗。

我們是習慣成自然的動物。要讓目標無法達成，最簡單的方法就是太早跳進去。當然，凡事都有例外──我相信你一定讀過不少在二週之內**翻轉**人生的故事，但我們不能把異數當成常態。再說，只要稍微探究一下，可能就會發現他們的故事其實沒有那麼單純。在二週驚人**翻轉**背後，往往隱藏著多年井井有條、勤奮不懈所累積下來的努力，是這樣的努力造就了成功。雖然當不了吸睛的報紙標

題或聳動的派對話題，卻是事實。

在多數情況下，一夕成功的人都是長久以來默默耕耘並創造機會，最後才能發光發熱。

這句話真的說得很中肯：「**機會是留給準備好的人。**」

把眼界放在中期的二、五甚至十年才會產生真正的改變，而它也會成為你的甜蜜點（sweet spot）[2]。如果從小步驟開始做起，散布在平常的例行公事中，你不會感覺到太大的痛苦，行程不會被全盤打亂，但這些小步驟還是可以累積，積沙成塔。行為科學有個關鍵見解：

規律實行的微小改變，對人生結果具有深遠影響。

再回到凱蒂、雷揚希和胡安。雖然他們的情境截然不同，但問題是一樣的。雷揚希沒有回去讀大學，是因為他認為自己不夠有條理。但「有條理」是可以習得的基本行政技能，如果你可以學習如何煮一杯咖啡和收銀，那也可以學習如何安排時間。同樣地，他無法對任何事付出承諾，也是害怕失敗的徵狀。雖然雷揚希聰明又能幹，但他裹足不前，從來不肯踏出舒適圈。因為，他不相信自己可

以改變。

另一方面，凱蒂從來不問問自己想要什麼。她當然非常聰明又能幹，但她內化了所謂的成功案例，因此即使這樣的故事情節並不適合她，她還是選擇一頭栽進去。她心想：「我如果貿然嘗試做別的事情會怎麼樣？朋友和父母會怎麼看我？要是我付不出貸款怎麼辦？」

胡安則是陷在**現狀偏誤（*status quo bias*）**裡動彈不得。他進入了撞牆期，卻還沒有花時間探索該如何突破。他的工作就像安撫巾(comfort blanket)，每當他渴望改變，對安全感的需求卻又讓他難以離開。

如果凱蒂、雷揚希和胡安努力克服偏見，採用改變事業的中期策略，會發生什麼事呢？

我敢說，只要兩年便足以讓凱蒂成立自己的行銷顧問工作室。為什麼呢？因為凱蒂可以利用這段時間釐清喜歡與不喜歡的工作內容、籌備新公司、雇用第一批員工並追求更快樂的職涯。

而七年便足以讓雷揚希成為執業心理治療師。怎麼說？雷揚希可以藉由回顧過去並評估在不同工作中喜歡做的事，找出自己的天賦，好比人際手腕，接著帶著這樣的認知，選擇一個能幫助他發揮所長的大學課程。七年足夠

他綽綽有餘完成大學學業，同時保有咖啡師的兼職工作，之後再轉為全職治療師。

另外，只需四年便足以讓胡安想辦法突破瓶頸，高升到總經理。是什麼讓他原地踏步？其一，組織裡的其他人往往將他隨和的作風，解讀為缺乏高階領導潛能。一旦偏見被認清，這些誤會是可以有效消除的。胡安可以利用這段時間強化自信心和權威，趁職務之便安排一連串定期聚會，讓他的附加價值更清楚展現在資深同事面前——胡安已經準備好接受挑戰。

如果採用中期策略和大格局的人是**你**，會發生什麼事呢？

如何閱讀本書？

踏上旅程時，我們需要地圖。對於你即將開啟的旅程，這本書就是你的地圖。它將幫助你規畫和定位中期目標。由於每個人都有獨一無二的抱負，旅程的長短也因此不同。然而，經歷的過程大同小異。你將立定志向解鎖新技能，並獲取新機會。

你將花時間認清擋在面前的障礙，我們常常拿障礙把自己的路擋住，而這個障礙也可能是他人有意或無意間造成的。這些人可能是你的同事、朋友或家人，又或者是三者加起來，你會需要新的能力才能通行無阻。

大部分的人都會遇到這兩種障礙，被自己困住，也被他人困住。本書將利用最新的行為科學研究，來幫助你繞過這些障礙。

我自己也花了點時間練習把自己的格局放大。這才發現有好幾個明顯的問題需要處理，而且有系統性的做法可以運用。大格局目標的創造和維護有六個步驟，只要按部就班便可望達成。

第一，一定要有明確定義的願景。你需要一個大格局**目標**、浮現在腦海中的想像。你的目標是什麼？未來的自己（future self）會是什麼模樣？決定目標時，你也需要找出能夠讓你達成目標的活動。這些活動就像橫越一座湖（或池塘，端看企圖心有多大）的踏腳石，助你一步步邁向大格局目標。

第二，你必須找時間執行這些小步驟。不僅如此，你要了解到人類很容易沒耐心——我們喜歡把**時間**花在能夠立竿見影的活動。相比之下，帶你往前進的活動要等到未

來才會收到成效。行為科學工具能幫助你排定旅程的優先順序，確保你走在想要的路上，讓你更有機會早一點實現大格局目標。

第三，你本身的認知偏誤可能妨礙你將格局放大。往**內在**探索並認識這些偏見是必要的。要想不偏離軌道，首要任務就是避免被自己的偏見所困。

第四，他人的認知偏誤可能阻擋和拖垮你前進的步伐。看看**外在**世界，釐清這些偏見，並學著避開它們，確保你的理想計畫不被他人扼殺。

第五，了解你所處的現實**環境**如何影響你實現大格局目標的機會，能做到這一點才有辦法繼續往前走。不管你現在的工作環境如何，行為科學見解都能幫助你將它微調成新計畫的支持力量。

最後也很重要的一點，為了堅持到底並實現大格局，你必須培養和磨練**韌性**。簡單來說，韌性就是不放棄大格局目標。聽起來可行，但要如何實踐呢？你必須先了解自己對互動和形勢的反應會如何影響你的韌性，才能在行為上做出微小改變，並在未來幾年獲得大量回報。

以上便是**翻轉人生**的重要關鍵。再複習一遍：

- 目標
- 時間
- 內在
- 外在
- 環境
- 韌性

　　這六大主題構成了本書六個核心章節的內容。每一章都涵蓋了一系列行為科學見解。每一個見解都能增加你成功實現大格局目標的機率，帶你從今天開始執行規律的小步驟。不過，同一套方法不見得適用於每個人。你將從練習中找到最適合自己的方法，使用最符合自身經驗的工具。雖然你可能選擇只做某幾個練習，但每一章列出的所有行為科學見解都值得思考。了解它們並謹記在心有助於你在大格局的歷程中更輕鬆地探路。

　　把格局放大時，你可能會發現二、三或四個你想要立定的雄心壯志。為了以最有效的方式達成，我建議你挑出最優先的事項，在閱讀本書的過程中僅為這個目標發展出一套計畫。接下來再針對第二、第三個大目標重新做一遍。雖然本書主要把重點放在職場，但你可以運用同樣的

技巧，讓大格局思維在人生各個層面開花結果。或許你想要學語言，寫小說或跑馬拉松，甚至三者皆具！接下來每一章詳述的過程，將幫助你在任何領域都能步上軌道。

一旦做法對了，便可以一用再用，成為重複的流程以避開**過去**總是讓你停下腳步的偏見和盲點。

你準備好採取小步驟、邁向大格局，建立你想要的職涯了嗎？那就開始吧⋯⋯

祝你規畫順利！

目標

你是否想過要成為怎麼樣的人，但看似
遙不可及於是自我設限？

要制定一個能讓你達成大格局目標的計
畫並不會太難，只要把最終目的地放在
心中。跟著行為科學見解做，便能對你
的大格局旅程有所助益，這些見解將確
保你有意識地成為「升級版的我」。

你對自己的描述是正確的嗎？

　　我在**愛爾蘭**長大，從小就非常害怕打針，說是「怕得要命」也不為過。我甚至曾想試圖說服一位跟我長得完全不像的朋友去代替我挨針。我也曾經因為打針而昏倒，最後導致頭上多縫了好幾針；可以說，我每次抽血的經驗都無比戲劇化。我爸總喜歡講述某次他坐在候診室等我抽血時，與一名修女聊天的故事。

　　他們當時相談甚歡，聊到一半時護理師忽然探頭出來，急忙地請他進去，護理師對我爸說：「你女兒十分焦慮，我想在打針的時候，你還是陪著她會比較好。我看她的就診紀錄，她曾經因為打針而昏倒過。」

　　修女不敢置信地看著我爸，驚呼：「太過分了吧！你應該一直在裡面陪她呀！可憐的小女孩，這種時候明明最需要爸爸！」

　　我爸緩緩起身，悠悠地回答：「那名『小女孩』，今年已經二十五歲了。」

　　我對針頭的恐懼一直到快三十歲都還無法消散。現在回過頭來看覺得很可笑，但當時的冷汗、顫抖、反胃和暈

厭一點都不好玩。所以我在2011年、剛邁入三十歲的階段被告知得了第1型糖尿病時，受到的打擊特別大。即使有這麼深的恐懼，我認為我還是滿冷靜地接受了這個事實，下半輩子就是要一天自己打五次胰島素。我只問了醫師，如果我不打胰島素還能活多久，因為我根本就不打算打。在我看來，這種要時刻與恐懼共存的生活，不會有任何品質，那麼何必呢？

這一番話被很嚴肅地對待，對方義正詞嚴地表示不排除將我強制送醫，而且要是我一直沒學會如何幫自己注射，當晚就不能離開醫院。

現在我每天幫自己打五次針，熟練到即使在公眾場合，也不一定會有人注意到我在打針，這已經沒什麼大不了。過去我堅信自己對針頭有著無法克服的恐懼，但這種個人敘事已經徹底改變。

自我敘事具有形塑我們作為和不作為的強大力量。

敘事對人生各個層面的影響甚鉅，包括我們放大格局和實踐志業的能力。

你的道路上是否已經出現障礙？

開始構思中期計畫時，首要之務便是設定大格局目標。否則你不會知道自己是否已經抵達目的地。然而，設定目標前有一個重要步驟。別急著落筆和幻想未來幾年的樣貌，先停下來思考有哪些心理障礙阻撓你踏上夢想職涯之路。

你是否想過要做Podcast，卻因為毫無經驗、不知從何下手而放棄這個念頭？你是否想過要學開直升機，卻跟其他一廂情願的計畫一樣擱置一旁？你是否想過連續花好幾個月在全世界走跳，卻覺得只是白日夢而一笑置之？

你是否想過要成為怎麼樣的人，但看似遙不可及於是自我設限？

要制定一個能讓你達成大格局目標的計畫並不會太難，只要把最終目的地放在心中。在接下來的章節，我將告訴你一些行為科學見解，跟著做便能對你的大格局旅程有所助益。這些見解將確保你有意識地成為「升級版的我」。

「升級版的我」是你實現大格局、完成中期旅程之後

會成為的自己。「升級版的我」擁有你放大格局的夢想職涯。很快地，你將會進行同樣的視覺化過程，創造一個「升級版的我」形象。

但在這之前，我們必須從難處著手，找出所有讓你舉步維艱的自我敘事……

你對自己做了什麼樣的描述與形容，導致成功總是擦身而過？

什麼樣的敘事使我們止步猶疑？

當我準備著手進行一項新的事物，到了快起程時，我往往只看見眼前想攀登的山有多麼龐大，高峻到看不見山頂。所以我只好不斷拖延，說服我自己——我沒有足夠的時間，也還沒做好所有準備去進行。

而在那些最脆弱、疲累不堪的時候，我又會不停地自我喊話。我會告訴我自己：「你已經付出太多，不該繼續下去。」我不敢自我審視一天二十四小時做了哪些事，因為這樣會凸顯出有多少時間沒有被我好好利用。最終，我選擇放過自己，就此停下了腳步。

真正阻礙我的，並不是「浪費時間」的那些事情，好比毫無意義的會議和永無止盡的電子郵件往來。而是我「一直在逃避」去面對，真正能為工作和生活以及其他層面帶來實質影響的挑戰。而我對我逃避的藉口或是合理的解釋，就是我真的太忙了。

人們會對自己下很多暗示與標籤，以至於永遠踏不出那一步。對你來說，也許是──「我不夠聰明！」、「我擅長的事情夠多了。」或是「我才不要冒這種險。」另一個常見的是「我永遠都做不到跟別人一樣好，何必白忙一場？」

你也許會告訴自己，跨出去就無法控制接下來會發生什麼事；也可能告訴自己，若是無法全心全意投入，就不要嘗試新事物。這種追求完美的傾向只允許你從事能夠順利完成的事物，然而完美主義終將導致目標難以實現。

這些自我提醒與暗示都有其作用，好讓我們與失敗絕緣，留在原本的舒適圈。它幫我們保住顏面，畢竟跨出舒適圈的感覺並不好，會有風險，同時也令人感到害怕。自我暗示就像一條安全毯，把你包裹得緊緊的，除非你的大格局目標就在你的舒適圈裡，否則跨出去無可避免。

認清你的敘事

　　因此你需要認清有哪些暗示與標籤擋住了你的去路。聽起來容易，但做起來可能比想像中難。花點時間問問自己幾個問題。上列敘事對你而言是否真實？你還想得到其他的嗎？你告訴自己的敘事可能在你拒絕機會時成為說出來的藉口。這些出現在腦中的聲音，是否讓你擔心或懷疑自己無法迎接眼前的挑戰，甚至難以成眠。

　　盡量如實地去看待套用在你身上的敘事，越詳細就越能正確地認清它們，並理解它們為什麼會形成。舉例來說，如果你受邀進行公開演講，冒出來的第一個想法是「我辦不到」，那麼請問問自己為什麼。如果答案是「你不夠格」，往下探索更深層的原因。你可能會聽到「我還沒準備好」、「我不是有說服力的講者」、「我懂的不夠多」、「我會說不出話來」或「我會嚇個半死」。將這些全部寫下來，我敢說這些故事大概沒有可信度。畢竟，如果它們屬實，你一開始就不會被受邀演講了。

　　我們跟自己說的這些故事與暗示，大多都是在***確認偏誤（confirmation bias）***的幫助下活靈活現。

確認偏誤是一種認知偏誤，讓人們偏好能夠確認先前既有認知的資訊，對於無法支持其敘事的例子則大打折扣。換句話說，如果你相信的敘事是——「我不夠格上臺演講」你就會尋找證據來支持這個觀念。

　　你關注專業上的不足，忽視自己在這個主題貢獻過的想法和創意。更糟的是，你忽視了一個事實：別人把你當作夠格的專家，一開始才會邀請你！

　　這是典型的確認偏誤。忽視與既有信念牴觸的資訊就算了，還尋找「證據」來支持此信念。同樣地，如果你堅信在事業上做得已經夠多了，遇到瓶頸都是別人的錯，那便會尋找證據來支持這樣的觀念。你把焦點放在自己於星期一會議上所提供的附加價值，卻視而不見，你在星期二刻意錯過了與高階同事建立關係的機會。如果你堅信沒有時間拓展事業，就會把焦點放在現在的工作量有多令人吃不消，無視自己花了多大量的時間在社群媒體上或看電視。更糟的是，你甚至可能會主動用無意義的活動來填滿行程表，好佐證自己。

　　想要改變，就必須認清你為自己建構出來的虛假故事，接著去一一擊潰。

　　在下方表格的左欄寫下阻礙你前進的敘事，右欄則是

幫助你改變這些敘事的小步驟。請先別急著寫，接下來我
會引導大家一起練習。

敘事	改變

敘事的原理

要你反思自己的敘事是否阻礙你前進可能感覺有點奇怪。畢竟要是這麼明顯,難道自己不會發現嗎?那可不一定。敘事是無意中被創造出來的,許多在心理學和個人發展領域深具影響力的思想都已經認識到這種敘事的威力。我們來很快地看一下一些與自述故事相關的重要著作⋯⋯

認知行為治療(Cognitive behavioural therapy)在全世界被廣泛用來治療焦慮和憂鬱症。本質上,這種談話治療把焦點放在思想、信念與態度如何影響感受和行為。負面思維模式可能從小開始形成。舉例而言,如果你沒有得到父母的關注,長大後遇到不順心的事,可能會自動認為「我就是不夠好」。但人生一定會有失敗的時候,不管是面對客戶、升遷還是案子。

這種敘事讓你感覺糟到不願意再踏出去,未來只想待在自在的環境。認知行為治療強迫你挑戰自我對各種情況的詮釋。基本上,它幫助你改變敘事,聽到不同的故事。

在深具真知灼見的《心態致勝:全新成功心理學》(*Mindset: The New Psychology of Success*)一書中,作者卡

蘿‧德威克（Carol Dweck）提出一套理論，把人分為兩類。第一類擁有**定型心態（*fixed mindset*）**，他們認定能力是天生的，無法改變。這種人可能會說：「我就是對數字不擅長」或「我沒辦法上臺演講」。他們討厭也極力避免失敗。如果不得不從事某個自認為不擅長的活動，就會用這種眼光看待。萬一演講時不小心說了一句支支吾吾的話，就會變成上不了講臺的證據。下一次不再做同樣的事，緊抓著確認偏誤不放。

第二類的人擁有**成長心態（*growth mindset*）**。他們相信任何時刻都可以得到新技能。越挫越勇，把失敗經驗當成寶貴的學習機會；也相信只要付出努力，一切都有可能。結果是擁有成長心態的人能開放地改變敘事。他們抱持著開放心胸，認為自己可以獲得必要技能，成為明日的領袖、創新者和專家。我們知道任何人只要下定決心都可以得到新技能，因此我們應該提醒自己這一點，試著培養成長心態。

另一個影響深遠的心理學理論是**制握信念（*locus of control*）**，也就是一個人認為自己可以控制重大人生事件或職涯路徑到什麼程度。一個認為自己可以控制未來發生什麼事的人稱為「**內控者**」；反之則為「**外控者**」。對外

控者而言，不管發生什麼事都無關個人過失，也不會學到任何教訓。生意失敗歸咎於經濟；流失客戶是因為對方無理；著作被拒絕也不必修改。

相比之下，內控者勇於負責、尋求機會。無論結果好壞，敘事總是「我負責！」外控者不把「命運」當一回事，他們只相信天分和努力，認為「運氣由自己創造」。舉例來說，想像一個人在職涯上遭遇一連串意想不到的挫敗，這個人可能會有什麼反應？

如果這個人是外控者，那麼他會歸咎一切源自大環境，只是因為經濟萎縮才會丟了飯碗，人才難免也會被波及。然而，如果這個被裁員的人是內控者，那麼他就會把厄運強加到自己身上，認為是自己不幸，才導致這樣的結果，反而對自己的幸福造成危害。

保羅・多蘭（Paul Dolan）在《敘事改變人生》（*Happy Ever After : Escaping the Myth of the Perfect Life*）一書中凸顯敘事的力量，並記載我們跟自己說的敘事與暗示，會如何對人生各個面向像是婚姻、快樂和收入造成巨大傷害。他主張我們會沉迷於去做別人期待我們做的事，並內化這些期待，形成一個人生「應該做什麼」的規範。不管適不適合，這些敘事通通被我們內化成為我們的一部

分，但儘管我們照單全收也不見得會為自己帶來快樂。

這些心理學架構都強調個人敘事的重要性。你可能在某一方面擁有正面敘事、另一方面卻是負面敘述。「我不值得」的敘事可能讓你陷在一段不健康的感情中動彈不得；「我永遠比不上別人」的敘事可能會讓你寧願不分晝夜狂看《絕命毒師》（*Breaking Bad*），也不敢嘗試一直想學的以色列格鬥術。

某些敘事對你有害——但你通常難以察覺，
因為它們是你自我描述的一部分。

所幸的是，你隨時都可以改變。而改變的第一步，就是意識到它們的存在。

改變你的敘事

當我從畏懼打針，到決定把控制自己的第一型糖尿病當成首要之務，並開始注射胰島素時，全因我當時別無選擇，畢竟這件事攸關生死。但其實我們周遭每天都有人在

選擇改變原先的敘事模式，並藉由一些過程來達成設定的最終目標。

舉例來說，吸菸者開始利用電子菸（新過程）代替香菸來幫助戒菸（最終目標）；社群媒體上癮者進家門時把手機留在門邊（過程），讓一家人能有更好的相處時光（最終目標）。為了達成目標，你必須把焦點放在過程。經過一段時間之後，敘事會變成「我不吸菸」或「我會撥時間給家人」。

就算無法釐清有哪些敘事阻礙你成為「升級版的我」，還是可以透過一個過程來引導你達成目標，內化新的敘事。每次經歷這個過程就是在自我敘事裡寫下新的臺詞。到了某個時間點，你的故事會出現一個全新角色，並繼續寫下去，一旦角色確立了，花的力氣會少很多，因為你已經知道他們在特定情況下會怎麼做。做起來可能不容易，但改變無益敘事的努力不會白費。

試著回想一下你在什麼時候改變過自我敘事。哪些過程觸發了改變？如果你跟另一半曾經感情觸礁，你們是怎麼度過難關的？增加晚上約會？尋求諮商？還是找出共同嗜好？如果你的西洋棋從零基礎到下得不錯，是怎麼發生的？每週去俱樂部練習嗎？還是利用線上練習？如果身為

成年人的你學會了一種新語言，是怎麼做到的？去上課？還是用App自學？這些都是促使新敘事產生的過程。你參與這些過程，如果時常去做，到了某個時間點就會發現敘事改變了。

下面我會舉幾個例子當負面敘事，你可以參考用來瓦解它們的過程。回顧一下你剛才寫下的敘事，哪些正在阻礙你成為「升級版的我」？選擇其一，並想出一個能幫助你擺脫它的過程，寫在「改變」那一欄。參與這樣的過程會導出什麼新敘事？[1]

每個星期撥出一點時間，比方週日晚上，想想過去一週在這個過程中成功與否，然後為下個星期提早計畫。請參考以下舊敘事、改變過程以及新敘事範例：

1. **舊敘事**：我每天吃垃圾食物。
   過　程：盡量在每週日晚上為下一週準備午餐並冷凍起來。
   新敘事：我是健康飲食者，我幾乎都吃得很健康，我的精神好很多，不再那麼容易萎靡不振。

2. **舊敘事**：我沒有生產力。上個星期的每一天都是如此，總是被待辦事項追著跑。

   過　程：只在下午三點至五點之間檢查／回覆電子郵件和上網。

   新敘事：我富有生產力。尤其早上更是充滿活力，而且不會分心，每一天都能準時下班。

3. **舊敘事**：我不夠好。周遭同事全都比我優秀，一下子就能達成目標。

   過　程：拿自己跟自己比，別花時間跟別人做比較。每週一次將自己的成就和進展記在日誌中。

   新敘事：我為自己感到驕傲，因為我不斷在前進。我的自尊提高了，工作時也更開心。

　　需要注意的是，以上範例的過程都沒有依賴他人。這是選擇一個過程的必要條件。不斷重複這樣的過程能促使新敘事產生並取代舊的負面敘事。

重塑你的優勢和劣勢

你有沒有聽過人家說男生天生數學比較好？女生則是口語能力比較優？這些說法事實上充滿謬誤。悲哀的是，大部分的孩子會意識到刻板印象並主動將它們內化——當小珍妮知道別人預期她數學不好，就會潛移默化地讓自己符合那樣的期望。這導致女孩的數學表現較差；同樣地，也讓男孩的口語能力更弱，形成一種自我應驗預言[2]。

自我應驗預言使表現變差。 一旦相信有關自己的某件事，它就會成為個人敘事，而個人敘事對我做出的行動有著決定性的影響力。如果我告訴自己我的數學很不好，就會用負面眼光去看待每個學習單元，每念一個小時就越覺得漫長和困難。另一方面，如果我告訴自己我喜歡數學，生來具有過人的數學天賦，學習就不會這麼充滿掙扎。

我在2015年認識珍妮佛，她才剛放棄創造一個新的健身App。珍妮佛具備所有創業成功要素——優秀的團隊、可靠的商業計畫和出色的產品。不過，她也堅信自己不擅長人際溝通，自我和產品銷售做得很糟糕。受到這樣的心態影響，她第一次見贊助者時很緊張，說話頻頻失誤，沒

有展現出自信。最後贊助落空。

　　珍妮佛內化了這個行為，她嚴厲地自責，為自己貼上失敗者的標籤。第二次嘗試時，同樣的事情又發生了。第三次也是。甚至第四次、第五次。珍妮佛自我敘事的優勢與劣勢成了自我應驗預言。當然，自我應驗預言不一定會有不好的結果。

　　與其將優勢與劣勢視為固定特質，不如將它們想成是因你的行為而造成的外部因素；無論優勢劣勢，都是過程的結果。

　　太多人認為優劣勢與生俱來。的確，許多重要的人類特質和人生成就有遺傳的成分在。對很多人來說，一生中最珍貴的三樣東西就是健康、快樂和智慧。你認為它們在你出生時就註定了嗎？完全受基因操控嗎？幸好，答案是否定的。

　　為了釐清基因組成是否為某個特定結果的決定因素，研究人員經常以雙胞胎做為研究對象，分析在同一個家庭長大的同卵和異卵雙胞胎過著什麼樣的人生。這些研究利用一項事實：同卵雙胞胎擁有一模一樣的基因，異卵雙胞胎則有50%相同。在同卵和異卵雙胞胎身上觀察到的結果相似性會被視為受遺傳而非環境影響。

那麼，這些研究對於快樂和聰明的基因下了什麼結論呢？研究人員估計智慧的遺傳成分介於20～60%之間[3]，這代表40～80%的差異由你自己刻意執行的小步驟和日常生活的努力來決定。

或許你不那麼在意智慧高低，只想開心過日子？研究顯示約50%的快樂由基因以外的要素決定[4]。你每天採取的微小行動才能真正為你創造幸福。

以上基因和遺傳力的探討告訴我們什麼？

你可以改變自己的人生結果。

從次佳到最佳有很大的調整空間。那該從何做起，好改變與特定敘事連結的行為。別為自己貼上「沒有生產力」的標籤，採取小步驟（過程），做出符合大格局的改變。你要怎麼成為健行者？時常去健行就會得到那個標籤。你要怎麼成為演講者？經常對著觀眾談論一個你專精的主題，就能自稱為演講者。

記得將焦點放在過程而非結果，因為你能操之在手的是過程。

行為科學見解

　　要改變對你無益的敘事並不容易，但值得一試。先澄清一點，我不是要你改變真正的自我。事實上，恰恰相反。我不會要求內向的人變成外向，或是害怕競爭的人變得更好勝，而是摒除心理障礙去想像「升級版的我」。一旦做到了，就能開始尋找你需要哪些必備技能以實現願景、腦袋裡有哪些被建構出來的敘事告訴你「無法接受挑戰」而應該被消音。

　　為了幫助你放大格局並為「升級版的我」選定一個大格局目標，以下有十個行為科學見解。建議按照順序一一詳讀。會有什麼收穫？你將擁有一套包含例行活動承諾的中期計畫。這些例行活動就是你將採取的小步驟，確保大格局抱負能夠實現。

　　準備好了嗎？

見解一：「升級版的我」每天做什麼事？

　　無論處在人生哪一個階段，我們都有能力放大格局。

你正聚精會神（我希望）在讀的這本書，萌芽於2017年11月，當時我進了一趟加護病房。在成功控制糖尿病多年後，2017年下半年一個不小心我還是得了糖尿病酮酸血症，這是第1型糖尿病患者，血糖沒有控制得當，就會發生的致命併發症。出院時，我被嚴格指導要好好管理自己的慢性病，被嚇壞的我也毅然決然地接受了這個挑戰。那天，我制定了一套自我照護計畫，你大概猜到了，它包含許許多多能幫助我大幅增進健康的小步驟。但你知道嗎？我還制定了另一套出書計畫，將行為科學課程帶給倫敦政經學院學生以外的廣大群眾。這個計畫包含一份能幫助我實現抱負的必做活動清單，這些活動就是我納入日常行程中的小步驟。

當時，我的「升級版的我」目標是寫一本書。大格局目標確立後，我更清楚地知道該採取哪些小步驟來達成。今天不管你處在人生哪個階段，都要把焦點放在「升級版的我」未來將做什麼事，如此一來便能掌握接下來幾年看似離現在還很遙遠的機會，而且不落入全贏或全輸的陷阱。

怎麼踏出第一步呢？把格局放大，想像「升級版的我」。

首先，你必須設定一個實際上可以靠努力達成的大格局目標，舉例而言，如果你立志成為職業橄欖球員，但沒有積極參與這項運動、年紀又接近四十，那就會是痴人說夢——因為很難會有球隊想收這種歲數和經驗的橄欖球員。又舉例來說，如果你即將步入不惑之年，希望成為一名企業領袖，但沒有任何商業頭腦，要實現這個版本的「升級版的我」就會是很長的一條路。在這個例子中，你會遇到的障礙是領導職位的數量少之又少，而比起其他有相同目標的人，經驗明顯落後一大截。但如果你快四十歲，一直卡在中階主管的檻過不去，想要進一步承擔領導角色，那麼這個「升級版的我」就是你可以在中期取得的重大進展。

　　想像未來的自己（future self）能創造出空間，讓你思考什麼是你真正想要的謀生之路。別聚焦於生活方式，把放大的格局用在去哪裡度假或哪間餐廳吃飯無濟於事，而是要將注意力集中在你想要從事什麼活動來支撐這樣的生活方式。在理想的情況下，想到要進行這些活動會讓你充滿熱情，每天早上都會迫不及待地起床。現今我們工作天數多、退休年齡晚。許多人把大部分的時間都花在工作或想工作上的事。你會希望自己做一些你喜歡的事，而你的

大格局目標必須反映出這一點。

在做喜歡的事情時，過程中的努力成本幾乎是零，能達到特殊成就的機會卻很高。你的工作不但不會讓你身心耗竭，甚至還能神清氣爽。

如果你希望為職涯創造出一套可以堅持到底的計畫，同時提升生活品質，那麼絕對有必要把「只想賺大錢」的心態轉換成「找出能樂在其中的活動（至少大部分的時間）」。每個人都很自然地想要有一份錢多事少的工作。（但如果你是英國人，把這種想法說出口極度失禮。）不過，一旦你達到相對不錯的薪資水準，能夠溫飽又有點餘裕享有小確幸，那麼，也沒有什麼證據能證明收入與快樂有必然的關係。如果你只看重金錢，就會失去熱情，也會失去在快樂的狀態下獲得收入的機會。

好好去思考你真正想做的活動，
就能找出必要的小步驟來實現「升級版的我」。

好好去思考過程，就能培養出敏銳的自我覺察，知道該把精力放在何處。最重要的是，你將積極建立一個敘事，告訴自己「升級版的我」在掌握之中。小步驟成為例

行事項，它們同時也是過程，與個人敘事融合在一起。

　　請你想像一下幾年後「升級版的我」會怎麼開啟一天的工作。你可能正在穿衣服，準備通勤到帕羅奧圖或倫敦市上班；也可能在家工作或坐在附近咖啡館，身上套著短褲、西裝或是連睡衣都不用換。但開始工作之後，實際上會做什麼事呢？

　　現在是時候來幫「升級版的我」決定工作內容。你想輔導、培育人才？你想為一間公司的資源配置做決策？你想銷售某個東西──可能是自己的發明或顧問服務？你想靠寫作維生？你想照顧他人？

　　花點時間填寫第60頁的表格。如果你已經知道自己想要做什麼，很容易就可以完成。對於打算待在同一條職涯道路但加速前進的人，或是希望換到新跑道（自由接案、創業或轉行等等）的人，會有不同的問題。

　　如果你不太確定「升級版的我」會做什麼，那麼把焦點放在**找出你喜歡進行的活動即可**。把未來你想要領酬勞去做的事圈起來，完全不考慮的畫叉叉。沒有被圈起來或畫叉叉的代表你做了不會抱怨、沒了也不會可惜的工作。

　　如果這樣還是不清楚自己想要做什麼──別怕！把注意力放在找出幾個你會樂在其中的活動，你也可以使用以

下的表格來確認。廣泛地去從事你選得出來的活動，評估自己有多享受這個體驗，更清楚地定義你的興趣愛好，同時重複這個過程並更加了解自己喜歡做什麼，以及每個活動能為你帶來何種機會。

表格最下方還有一列空白欄位，可以加入更多特定活動。這對很清楚「升級版的我」會做什麼的人來說最有用處，讓表格裡極為廣泛的活動得以縮小範圍。

舉例而言，在「制定策略性決策」和「解決問題」的基礎上，你可以進一步寫下「為一間藥廠決定資本結構，並針對經濟動盪時該維持什麼樣的負債權益比提出解決方案」。至於「協調他人的工作和活動」，你可以改為「協調他人的工作和活動以確保訂單被完成，讓顧客對我的犬用洗毛精公司感到滿意」。「在大眾面前表演」可以更適切地寫成「為我在百老匯音樂劇裡的角色練習臺詞」。「協助和照顧他人」或許會是「把我照顧的孩子們帶到公園，在大自然裡走走」，諸如此類……

「升級版的我」會做的事

完成以下句子：

整體而言，「升級版的我」的大格局目標是：

「升級版的我」的職稱是：

「升級版的我」在　　　　　業工作

「升級版的我」會在　　　　　公司工作（如果你打算創業，也請在此註明）

「升級版的我」經營／服務的公司有以下特色

以下兩個句子選擇其一回答：

「升級版的我」的角色和現在差不多，但職責將擴大，包括：

1.	2.	3.	4.	5.

「升級版的我」換了全新職涯，職責包括：

1.	2.	3.	4.	5.

「升級版的我」會從事以下活動：（這些基本上是能讓你達成目標的過程）

監督並分配金錢給人員或專案	從事研究	監控流程	（以行政人員身分）支援他人工作	打破人們對事物的看法
為他人提供諮詢和建議	輔導培育人才	管理他人	為組織單位配置人員	確保組織或單位擔負社會責任
規畫專案	創造和設計新產品或服務	發展政策	從事體能活動	搬運和移動物品
評價產品或服務品質	解決問題	評價他人的想法	更新和運用相關知識	評估風險與報酬
寫作	制定策略性決策	有創意地思考	經營自己事業的日常活動	發展高層目標和策略
分析或評估資料或資訊	創作和銷售藝術品	安排工作和活動行程	規畫自己或他人的工作並排定優先順序	確保事物符合法規或其他標準
操作電腦	記錄資訊	為他人詮釋資訊的意義	與同事溝通	與組織外的人溝通
建立人際關係	協助和照顧他人	銷售	影響群眾	解決衝突和談判
在大眾面前表演	協調他人的工作和活動	直接與大眾互動	發展和建立團隊	訓練和教導他人

見解二：「升級版的我」擁有什麼技能組合？

決定當個作家為廣大群眾寫一本有關行為科學見解的書是一回事，讓這件事發生並成為成功案例又是另一回事。要在一片競爭中說服經紀人和出版社支持你——兩個必要的成功要素——是一件很棘手的事。在2017年12月，我覺得被狠狠打了臉，因為我發現自己缺乏好幾個能讓我實現作家夢想的核心技能。雖然我對行為科學研究的細節和學術寫作風格再熟悉不過，但我不知道該如何轉化重要訊息以吸引讀者在通勤、寶貴的度假期間或睡前讀這本書。當時我還沒有用這種風格寫作的技能，而我不得不認清並彌補這個技能落差。

> 阻礙你從事所選活動的原因到底是什麼？
> 你需要什麼新技能才能被正視為專家？

現在我們要來找出「升級版的我」將使用哪些技能，以凸顯你需要彌補的落差。我在第64頁的表格列出了一些常見技能來輔助你。你會發現上一個表格中的活動和這裡列出的技能很相似，因為進行活動（例如：從事談判過

程）等於是在採取小步驟以磨練技能（最終成為談判專家）。

　　你能從表格中挑出「升級版的我」會需要的技能嗎？把最需要的那幾個圈起來，至少三個、不超過五個。你在邁向「升級版」的道路上會採取小步驟來發展這些技能。先前選出來的活動就是小步驟，技能則是結果。

　　我在最下方留了空白處給已經知道自己需要什麼技能的人使用。你把這些技能描述得越仔細，在「升級版」的道路上就會越專注。盡量在空白處精確詳述。

　　如果你難以釐清所需技能，有另一個方法可以幫你決定「升級版」的工作類型並尋找榜樣。找三個已經在做你想要的工作而且可信度高的人，看看他們每天運用哪些技能。如果你可以直接和這個人接觸，詢問對方具備最有價值的技能是什麼；如果你不認識這個人，可以透過描寫他們成功之路的著作、履歷、個人檔案或網路上的影片和文章來找出他們的技能。

「升級版的我」擁有的技能

「升級版的我」精通：

積極學習	積極傾聽	複雜問題解決	批判性思考	設備維護
教導他人	判斷和決策	學習策略	財務資源管理	物質資源管理
管理員工	數學	監控人群	監控流程	談判
說服	程式設計	統計模型	品質控制分析	閱讀理解
系統分析	科技設計	系統評估	推銷	時間管理
故障排除	寫作	積極傾聽	設計政策	演講
激勵團隊	問題解決	整理資訊	安慰他人	被傾聽
適應能力	創意	溝通	水平思考	導師

我打算專精於：

見解三：取得「升級版的我」所需技能

俗話說得好：「羅馬不是一天造成的」。為了提升技能，我在2018年決定讀一百本，為了有類似問題讀者所寫的書。我要刻意去做這件事，注意每一本書中有哪些我喜歡和不喜歡的地方，以及網路上的書評。我在倫敦政經學院的研究室，可說是一座書籍墳場，這是為了以防某天我心血來潮想要重新拾起它們，讀讀裡面的內容或記在頁邊的心得。

我為此去上了寫作課、創意課，也參加了非小說暢銷書新銳作家分享作品和個人歷程的公開活動。這其中最糟的部分，是我得在這些場合跟別人交際應酬！之所以稱為最糟的原因是，我其實滿內向的，不太擅長與人打交道，只要跟不熟的人閒聊就會全身不自在。

閱讀、研究和拓展人脈是我在2018年常做的三件事，我知道這麼做能培養寫這本書必備的技能組合。你要固定做哪些活動來培養「升級版」的技能組合？

在行為科學中，有很多研究顯示，若要激發一個行動，
顯著性（saliency）不可或缺。
顯著性指的是變得突出或顯而易見。

既然釐清了需要發展哪些技能，那就盡量讓它們在忙碌奔波的日常生活中顯而易見。怎麼做？我建議你寫在便條紙上，貼在每天都看得見的地方。你必須開始讓人生適應這些技能，越常想到它們越好。

　　實現「升級版的我」的下一步是將你在本章節第一個表格中圈出來的活動納入每週例行公事中。只要固定做這些活動，它們就會自然而然地成為敘事的一部分並磨練你選擇的技能。

　　諾貝爾經濟學獎得主丹尼爾・卡內曼（Daniel Kahneman）將大腦的運作方式區分為「系統一」和「系統二」（System 1 and System 2）。系統一是大腦自動且快速的反應，也就是俗稱的「快腦」。快腦讓你在踢到腳趾時大聲咒罵，或假日早上本來要開車去公園，結果卻莫名其妙到了公司。這是因為它處於自動駕駛模式。也多虧了快腦，即使我們工作很累了，還是能自動完成熟悉的任務。對於例行公事或習慣我們不用多想，也沒有時間喋喋不休，快腦就能讓我們習慣的一切事物機械化地進行。

　　系統二則是較慢、較深思熟慮。它讓你解開棘手的數學問題，幫助我們理解貸款的合約條款。這種思考方式很吃力，只有在需要深思時才會拿出來用。使用慢腦令人疲倦，

換句話說，這代表我們有很多行動都是快腦決策的結果。

你可以藉由在日常生活中規律從事活動（小步驟）來改變職涯方向。將特定、重複的行動與每天行程結合，讓快腦或系統一把這些小步驟加入重新編程。你會讓快腦把你當成不同類型的人看待，塑造一套新的習慣。最後，從事這些活動便成了再自然不過的事。

以傑洛姆為例，24歲的他決定離開在銀行業當分析師的工作，轉為撰寫線上遊戲的電腦程式。傑洛姆很清楚自己想要做什麼，這一點非常棒。但問題出在哪裡？他從來沒有學過電腦科學，這輩子也沒寫過任何一行程式，更沒有存款讓他去大學拿一個學位。

傑洛姆沒有就此灰心，他在網路上找了程式設計課程。接下來兩年，他開始利用線上資源自學JavaScript和Python。平日吃完晚餐、慢跑完三公里後，他會認真地從八點念到十點。這是他的過程，要這麼投入地去學習一項新技能一開始很難，但很快地成為了他的新常態。目前的傑洛姆還在邁向成功的半路上，儘管他尚未得到夢想工作，但他已經在自由接案，為各式各樣的客戶編寫程式。

這麼做能讓他累積專業經驗，同時接觸未來能為他引薦工作和寫推薦函的人。最關鍵的是，比起過去當銀行分析師，傑洛姆現在快樂多了。

到底要怎麼培養「升級版的我」需要的新技能？很簡單，首先你要下定決心從事一個或多個規律的活動。可以是你先前在本章節挑出來的，也可以考慮我們待會即將討論的其他活動。選擇活動的關鍵在於**它們應該是你有資源（金錢和時間）去做的，而且每天或每週有固定時間可以輕易實踐**。這些活動應該要可以成為例行事項的一部分，但同時也要有足夠的挑戰性；讓你跨出舒適圈，但又不至於無法負荷。它們要讓你像踮起腳尖一樣費勁，但卻不過度勉強，筋疲但不力竭[5]。

整體而言，我建議有三個面向你要考慮進去：

1. **就地取材**——在現有工作中尋找建立人脈和訓練的機會。
2. **勇於嘗試**——踏出去拓展人脈，把小圈圈之外的人也納入。
3. **持續學習**——每週花時間精進現有的技能組合，持續學習。

見解四：在職磨練「升級版」技能

我的任職環境——大學院校，往往把焦點放在傳統上經同儕評鑑的學術論文成功與否，重視品質勝於數量，並且以提供學生優良教學為目標。它們有許多內部訓練機會，但沒有一個能提供幫助我磨練寫這本書需要的技能——至少第一眼看起來是如此。

但在倫敦政經學院工作的最大好處之一，就是定期都會有一系列免費的公開活動可以參加（如果你在倫敦不妨試試；不在的話也可以收聽Podcast），如果我夠堅持，有時還能直接與講者接觸。越來越多在某個領域名聲響亮的學者會選擇寫書分享，將學問毫無保留地傳遞出去。當他們站到臺上、我在臺下聆聽時，這些人之中有不少已經成功走完了我才剛起步的旅程，想必有不少金玉良言。

不管你每天做什麼樣的工作，環境為何，不妨花點時間想一想有沒有真正的機會能讓你更進一步。就跟我一樣，或許你也需要多看幾次才能認清眼前事物。舉例來說，如果你目前在一個大型組織工作，也許會有內部訓練的機會。如果這些訓練聽起來索然無味又毫無用處，先別急著失望。也許你能請人資部門—— 或直接向上司反

映──籌辦一些能讓你發展所需技能的課程。

如果你想追求的境界遠超出目前的工作範疇，還是值得一談。現在有越來越多的公司願意讓員工參加跟目前工作內容沒有直接關連的進修課程。如果可以，你也能跟公司申請經費去上外部課程（詳見以下「見解六」）。許多中小企業經常撥款讓員工精進技能，即使公告中沒有廣為宣傳，你也可以問問看。如果你是一間公司的高層或老闆，不管是試圖擴大創業規模或訓練人才，訓練課程都是合理的開銷，盡量鼓勵你的員工或下屬，讓這些補助多被利用。

如果你目前的日常工作已經提供了充足的機會，讓你得以接觸已經在做你理想工作的人。他們可能是同事、客戶或非正式的合作對象。你值得和這些人建立關係，原因有二個。第一，他們能針對你的計畫給予有價值的建議。第二，他們或許可以提供（或指出）機會，幫助你邁向「升級版的我」。

如果你不擅長在團體中拓展人脈（我本人就是），不妨以一對一的方式認識更多人。這些會面可以是喝咖啡、吃午餐或小酌一杯。盡量去找那些已經擁有你所需技能的對象，無論經驗多寡。別只看走在你前面的人，找找有哪

些同事，不管處於職涯哪個階段，在某方面可能都有類似「升級版的我」。去了解他們都做些什麼事、為什麼做以及怎麼做。

一開始先尋找和請教，能夠分享經驗或給予建議的同事（或客戶），能獲得很大的幫助。我知道，大部分的人通常不喜歡向外求助，因為我們都害怕被拒絕（甚至被取笑——後面我會介紹「面子效應」）。「害怕被拒絕」的痛苦，主要來自不確定對方是否會說「好」，以及我們往往高估對方說「不」的機率[6]。讓我們不敢開口的，不是實際上被拒絕的心理壓力，而是我們事先忐忑猜疑別人會怎麼回答。但別怕！你有很高的機率會得到激勵人心的答覆。我們往往低估獲得肯定答應的可能性。一項針對一萬四千名受試者所做的近期研究，清楚顯示出，他人答應自己要求的傾向，往往比發問者預期得高出很多[7]。然而，我們卻常在該求助時，沒有向外求援。

另一方面，我們同時也高估了，別人在需要時會向我們求助的機率。一項在2010年由凡妮莎・波恩斯（Vanessa Bohns）和法蘭西斯・弗林（Francis Flynn）進行的研究，請了一間大學的生活輔導員和助教預測下一個學期有多少學生會來向他們求助。整體而言，他們估計的數字，比實

際上前來求助的學生多了約30%！

來跟自己做個好玩的實驗，當你求助時，紀錄你預測是否能得到肯定的回答。累積大約十次後，比較一下你的預測和實際結果。這能讓你很快地確認你個人是否低估了自己取得他人協助的能力。

現在你決定要向外求助，以實現「升級版的我」，那要怎麼提升成功的可能性呢？一般來說，**想要得到肯定答覆最好面對面提出要求**[8]。

行為科學訣竅：在他人請求幫助時，很少人會去為難對方，因為對這些人來說，拒絕他人請求的「拒絕成本」很高。怎麼說呢？就跟所有人一樣，你求助的對象也不會喜歡尷尬的對話。他們可能還會擔心，如果拒絕你，可能會變成他在暗示對你的不良感覺[9]。因此，面對面的請求會比電子郵件的效益來得更好。當然，爭取面對面機會的時間成本也比較高，但成功的機率也相對更好[10]。

還有更多好消息：行為科學研究顯示，一旦同一個人答應協助第一次，那麼下一次有更高的機率會選擇答應提供協助。事實上，在行為科學中，**富蘭克林效應（Ben Franklin effect）**就說明了人們比較會去幫助之前幫助過的人，而非曾經幫助過他們的人。為什麼？因為我們喜歡保

持一致性。如果我們認為某個人在第一次值得我們幫助（也就是說，答應了對方的要求），那麼下一次繼續幫助也很合理（前提是對方在這兩次之間態度良好）。

更棒的是，如果我們第一次向某人求助時被拒絕了，第二次我們向對方求助時，他們反而有更高的機率會選擇答應（特別是面對面詢問時）！這是因為，如果像同一個人第二次說「不」，那麼被視為「不合群」、「難搞」的成本會比第一次拒絕更高！

重點在於求助時，如何界定（frame）你的要求。

你應該讓對方清楚知道這件事對雙方都有益處，或至少對他們而言有淨利益。這樣說好了——這件事應該要有明顯的益處。你的新抱負不該占用同事的個人時間和努力。這聽起來理所當然，但你會很驚訝有多少人喜歡用電子郵件尋求別人對新計畫的支持，完全不去想他的要求會耗費對方多少時間。這樣的要求很容易被忽視——特別是來自於電子郵件。

不斷有研究顯示怎麼去**界定（framing）**要求很重要[11]，所以盡量強調你的要求對對方的利益。除此之外，

一定要讓對方輕而易舉地說「好」。如果你必須先以電子郵件聯絡才能和對方見面，記得提供幾個日期讓他們能快速選擇。否則，你會害人家浪費時間跟你來來回回。或者更糟，這樣來來回回的時間成本可能對他們來說太高，乾脆連理都不理。最後，內容盡量簡短。沒有人想要讀長篇大論。

整體而言，你應該以一個月在工作上接觸一個人為目標。大部分的人都可以輕輕鬆鬆達到。你也可以現在就開始做！在下方空白處寫下你在接下來三個月將接觸的人。

見解五：踏出去磨練「升級版」技能

我在2018年決定開始參加倫敦政經學院的公開活動，這代表我能認識經常為非學術讀者寫書的作者，並得到未來在寫書這條路上需要的實用建議。不過，對我而言，風險最高的時刻——真正踏出去的關鍵——是在我把提案寄給一名經紀人，而對方可以將我的作品推薦給出版社或在一眨眼間拒絕我。

你應該去見誰呢？跟我一樣，有些人會需要見守門人或其他可以讓你「升級」的人。除此之外，如果你想被別

在接下來三個月，我將接觸：

1.

2.

3.

4.

5.

人視為**擁有特別技能或才幹**，那麼自己要負起最大責任。沒有人能（也沒有人會）替你做這件事。沒有人「**應該**」替你做這件事。即使你打算待在目前的組織，踏出去認識新的人還是有很大的附加價值。如果你即將打造新事業、投入零工經濟、**轉換跑道**或跳槽到新公司，更是絕對有必要踏出去讓自己的價值被看見。

認識平常生活圈以外的人，能讓你進步神速。

這邊我指的是面對面討論，可以是在實體空間或線上。2020年新冠肺炎(COVID-19)封城最大的課題之一，就是現有科技如何讓我們在無法近距離接觸的情況下搭起橋梁。

根據數十年來的經濟學研究指出，大型社會網絡能創造出更多、更好的職涯機會[12]。如果你是創業家，大型社會網絡能幫助你更快建立顧客群，你也會有更好的管道找到人才為你的事業加分。無論是舉辦一次性的行銷活動、設計App還是提供產品有效的證據，都可以利用網絡找到可靠的人來把任務完成。同時，如果你在零工經濟裡想要找客戶，廣大的網絡能幫你把客戶帶來，你只要專注於核

心事業就好：完成專案、拿到酬勞。

你應該一個月至少一次，刻意把注意力放在拓展外部網絡上。但要怎麼樣才能認識這些人呢？首先，回頭看看你為「升級版的我」選出的活動。你的外部網絡應該給你機會從事這些活動，或讓你接觸到已經在做這些活動而且處於巔峰狀態的人。由於你想要拓展網絡，因此你去的團體場合必須有時間讓你在之前或之後與人交際。住在像是倫敦或紐約等大城市比較容易做到這一點，有無窮無盡的低成本或免費選擇。在人口不那麼密集的地區，你可能得花點力氣尋找或願意通勤。重點在於每個月至少促成一段互利關係。到了第一年的尾聲，你會累積十二個新的外部聯絡人。

當你踏出去參加演講和活動時，別忘了多去交談。如果你平常不太會主動接近別人並自我介紹，試著第一個抵達現場，這樣你就必須跟第二個、第三個來的人說話。

行為科學教我們的一大課題是**自我很重要（ego matters）**。它是有意識的自我重要感，促使我們做出自我感覺良好的行為舉止。在理想的情況下，你會跟新認識的人用一種讓他們感興趣並且自我感覺良好的方式說話。最好準備一份可以在進行新互動時派上用場的電梯簡報

（elevator pitch）[13]。它一定要有趣，更明確地來說，顯現出個人附加價值的重要性。我不知道多少次遇到別人來請益，問我認為他們正在進行的計畫重不重要，我不禁大感困惑。如果推銷這個點子的人需要問這個問題，答案不就是「不重要」？

我對不想積極拓展人際網絡的人充滿同理，畢竟不確定彼此有沒有共同點，還要硬著頭皮去與對方交談，確實令人精神疲憊，有時候膚淺的對話也無聊至極。還好還有另一個可行的選項，找找哪些人擁有的工作與你的理想相去不遠，寄電子郵件或傳簡訊約他們出來見面。至少這種方式對我而言容易多了，雖然被拒絕的機率比較高（在網路上忽視你，比面對面簡單），但你比較不會往心裡去，因為電子郵件沒有那麼直接。一個經驗法則：電子郵件最好用在你還不認識的聯絡人，或是有多人可以回應你的求助時。

寄電子郵件給新的聯絡人時，記得你寄的人數越多，得到肯定回覆的機率也越高。把目標放在一個月寄給五個人，告訴自己只要有一人接受就算成功了。

一旦成功邀約之後，就該決定你要談論什麼話題。在理想的情況下，這個人會留在你的人際網絡，你要認知到

一個關鍵問題，他們與你會面也花了時間，所以他們也應該要得到益處。好好準備你想問的問題，以及你想探索的機會。

現在，放下書，寄出五封電子郵件吧。心動不如馬上行動！

見解六：透過持續學習磨練「升級版」技能

我在2018年準備寫這本書時，開始嚴格地要求自己每天持續學習。我以為這對我來說並不難，因為只要控制好我自己就行，所以在每一個工作日，我都為自己安排了一個持續學習的課程。結果，實際上我每週至少荒廢學習一天。為什麼？因為我很容易分心，我總是被其他的人事物吸引。我都不想承認，自從我安排持續學習後，我被打斷再重新開始計畫的頻率比過去還高。但我從來沒有停止試圖從跌倒的地方再爬起來，只要一發現我沒有做到持續學習，我就會重新設定意圖，並拿出相關資料研讀，隔天就能輕易進入狀況。當然，如果我能一直遵守跟自己的約定最好，但這樣為明天再次許下承諾的簡單舉動，已經足夠讓我順利抵達終點。

你今天立志要進行哪些持續學習活動？有些你選出的「升級版」技能會需要你額外完成不管是正式，還是非正式的訓練。由於這是一段中期歷程，我建議你盡量不要報名昂貴的高等教育課程。你不需要拿一個碩士學位才能起步，這些昂貴的學程可以等你確定這是你要的道路再去做。一開始，你應該花一些時間去熟悉免費或低成本的機會。如果你的持續學習要花一大筆錢，乾扁的荷包會讓你無法持續下去。

　　或者，你也可以試試短期課程或暑期班，大部分的重要機構都會提供各式各樣的課程，從晚間的固定時段到數週的密集訓練都有。網路上也有一大堆很棒的選擇，讓你舒舒服服地待在家就能持續學習。值得慶幸的是，因為科技的進步，錄製線上課程的成本變得低廉，代表有不少的選擇經常是免費的！

　　重點在於你要把學習想成是長遠的，而非只是為了通過考試，透過某張證書來暗示自己已經得到了某種技能。持續學習會讓你更上一層樓，也能讓技能符合現實需求。當然，對某些人來說，取得正式資格是有必要的（假設你決定成為心臟外科醫生或律師），但對多數人而言，要邁向「升級版的我」有無數條路徑可以走。

讓持續學習成為平日生活的例行部分，靠著免費或便宜資源，也可以輕鬆養成的習慣。以我為例，我的早晨例行公事是讀我喜歡的當日報章雜誌（也有一些我不喜歡，我就當作是挑戰自己的觀點和可怕的確認偏誤）。我會在悠閒吃早餐時這麼做，為接下來一整天定下正確的基調。我連在忙得喘不過氣的日子都會做這件事（只是我就得早起一小時），甚至在冬天早晨去機場的車上搭配著頭燈和馬芬蛋糕閱讀。除了早晨閱讀的例行公事，我還會在通勤時聽線上課程或看一些非小說書籍。

　　整體而言，你的持續學習應該聚焦於精進「升級版的我」擁有的專業技能。你空下來的時間會讓這個過程（讀、看、聽或寫）得以支持你想要達成的目標（獲得新技能）。如果你在中期從事這個過程，它將帶來好的結果。我建議你把80%的持續學習時間拿來磨練關鍵技能——以成為專家為目的——剩餘時間還能研究其他興趣。探索其他和未來的你沒有直接相關的學習領域，能讓你有出乎意料地的啟發，並進一步挖掘你還不知道的興趣。

　　不過，你對「升級版」活動和技能表的回應可能有氣無力。你很清楚你想要一個不一樣的自己，但還是不知道

會做什麼。要怎麼透過持續學習來推動自己前進？要怎麼知道該做什麼？在這個情況下，你需要更廣泛地花時間挖掘興趣和最終的熱情。保持開放的選項就能發現新契機。

最好每週反思你喜歡持續學習的哪個部分，因為從事這個過程將幫助你找出大格局目標。你應該隨著時間過去縮小興趣範圍，進而寫出一份未來職位的專家簡歷，日常的持續學習也將成為「無痛」習慣。

現在就下定決心，讓持續學習變成每週不可或缺的必做事項吧。在特定日子和特定時間執行，並設定提醒來督促自己堅持到底。

在下方空白處寫下一個**本週**要做的活動來投資你的學習：

1. _____

2. _____

3. _____

4. _____

5. _____

6. _____

見解七：透過心流增強學習效果

　　和多數日子一樣，2019年4月1日星期一，我又分心了。感覺我選了一件事情做，另一件事就會開始分散我的注意力。在倫敦政經學院的時候，我太容易分心去喝咖啡、吃午餐和獨自逛校園書店。所以那天我決定在家工作，完成有意義的任務，因為那是我第一天以被邀稿的作家身分寫這本書——在這天不久前，我接受了出版社的邀約。這讓我開心得不得了，但開心的同時也帶來壓力，而壓力逐漸占據了我的腦海。

　　我答應了一個看似不太合理的截稿日。我之前為了這本書花了十六個月進行研究和撰寫提案，現在卻要以三分之一的時間完成第一版草稿。感覺幾乎不可能做到，但在開始寫作的那一天我有萬全準備：四周圍繞著筆記本，上面寫滿每一章內容的構思；書桌整理乾淨，確保沒有東西令我分心；擺好茶、水和各種零食以防專注時被基本需求打斷。

　　但我根本無法專注！時鐘從早上八點走到九點、九點走到十點……接著是午餐時間，到了下午兩點四十五分左右，我才終於進入了**心流（*flow*）**。

當你沉浸於正在做的事，而且變得極具生產力時就會產生心流，時間感覺一逝而過。根據心理學家米哈里·契克森米哈伊（Mihaly Csikszentmihalyi）的描述，心流是當你從事持續活動，具有足夠挑戰性而讓你全神貫注時就會體驗到的心理狀態。好消息是如果進入心流，你會感受到極大的愉悅和滿足。契克森米哈伊認為除了心流外，我們在學習的過程中可能會經歷焦慮、冷漠、激動、無聊、掌控、放鬆和擔憂。而以上這些狀態都無法優化學習，但以我的經驗來看，你必須經歷至少一種以上狀態才能順利進入心流的境界。經過練習之後，大約九十分鐘就能夠讓你轉換狀態並完成一些高效工作。當然，有時你可能會比平常更容易分心。在這種時刻，心流不會產生。別太苛求自己，盡快開啟下一次再接再厲。

麥爾坎·葛拉威爾（Malcolm Gladwell）在《異數》（*Outliers*）一書中強調一**萬小時法則（*10,000-Hour Rule*）**的概念。為了讓專業技能達到登峰造極的程度，一個人必須專注練習大約一萬小時。當然，這是一個平均數字——有些人多一點、有些人少一點。更重要的是，練習要以**對的**方式去做，而這個方式就是心流。

這個論點和瑞典心理學家安德斯・艾瑞克森（Anders Ericsson）傳遞的訊息不謀而合，他堅信練習是刻意的。你必須進入一個不會分心的狀態，才能使心流產生。艾瑞克森也主張如果你進入狀態，可以預期之後會感到疲憊。為什麼？因為你一直保持高度的專注力會消耗精力。因此，無論你有多少閒暇時間，一次大概只能進行九十分鐘。

　　每個人在一天當中比較能夠找到心流的時間點都不一樣。我是一大早（早上七點至十點）和深夜（晚上十點之後），但一天只能做一個時段。如果你很有彈性，不妨實驗看看你的九十分鐘落在哪個時段，找出產生心流的最佳時機。

　　你也可以試試空出一段時間，進行我所謂的「分心學習」。這是持續學習，但專注程度較低，所以你能一心多用。像是煮飯或跑跑步機時聽Podcast，或是通勤時邊聽音樂邊閱讀。用這種方式學習有絕佳好處。我就是這樣在2018年讀超過一百本書。關注並記住你感興趣的項目，留待你想要的時候再深入挖掘。這麼做也有助於你建立你是持續學習者的敘事，規律從事分心學習能讓新的例行公事在你的日常生活中根深蒂固。重複做一個小步驟夠多次就會養成習慣。新的現狀應運而生。

見解八：審查你的進展以確保成功

為了在9月底交出本書的第一版草稿，我規律且頻繁地寫作。在暑期還提高強度，為每一天規畫寫作進度，絕對不拖稿。結果呢？我幾乎沒有一天遵守自己的期限，但我仍保持在進度上，因為我可以重新檢視並安排行程，讓自己維持同樣的整體時間表。當我投入一項計畫時，我習慣進入心流，這代表我總是有辦法趕上進度，最後準時完成。

> 有必要審查你正在做的活動，
> 以及即將達到的里程碑，好讓進展顯而易見。

為了在旅程上維持高效和正軌，你必須監測自己正在做的努力。一星期空出一小時，記錄過去七天完成了哪些事。這也是為接下來一週設定意圖的好時機。你應該為持續學習和各種拓展人脈的行動進行同樣監測。

監測能夠確保你完全投入在過程中，以實現「升級版的我」。它也提醒你一路上累積的收穫。當某個星期進行得特別順利時，我會有一股沾沾自喜的滿足感。這種感覺很有可能來自於我做到了對自己的承諾。

以下是監測活動的範本及填寫範例：

這星期我（某項活動和安排）

這星期做的活動幫助我朝目標更進一步，因為它：

從事這項活動讓我覺得：

下星期我打算：

下星期我要做的活動將幫助我

這個範本可以用來監測持續學習：

這星期

我完成了線上大師班的第四堂課。

這星期做的活動幫助我朝目標更進一步，因為它：

幫助我理解資產負債表和損益表，這是我成為負責任的老闆需要的技能。

從事這項活動讓我覺得：

充滿挑戰性，儘管我有時會分心，但有時概念又會變得更清楚，讓我鬆了一口氣。

下星期我打算：

在星期六完成線上大師班的第五堂課。

下星期我要做的活動將幫助我：

理解現金流和稅盾，這是我成為負責任的老闆需要的技能。

這個範本也可以用來監測工作上和私底下的人脈拓展計畫：

這星期

我製作了一份名單，裡面有二十個人擁有我（希望）即將要做的工作。

這星期做的活動幫助我朝目標更進一步，因為它：

給了我一份潛在的導師名單，這些人可以建議我如何透過各種途徑獲得新職位。

從事這項活動讓我覺得：

枯燥無味，但完成任務後覺得有條不紊和充滿希望。

下星期我打算：

在星期二晚上騰出兩小時，寄電子郵件給這份名單上的潛在導師。

下星期我要做的活動將幫助我：

與潛在導師進行一對一會面。這將擴大我的網絡，讓我能夠向他們請益。

在上頁的例子中，我要你回顧一週的活動並明確指出這些活動和你的大格局目標有何關連。這麼做能強調每個活動的效益，讓你對「升級版的我」有更清晰的圖像。我希望你把「升級版的我」當作真人看待，他值得你付出時間、同理心和努力。藉由將活動和「升級版的我」連結在一起，這些活動的意義便一清二楚了，即使出現突發狀況你還是能堅持下去。

這個範本也要求你記錄從事每一項活動的「**感覺**」。不管你是百分之百確定自己未來的樣貌，還是需要在路上慢慢想清楚，我都強烈建議你記下這些感受。這會讓你更容易找出你喜歡做的事。這個練習看似多餘，但如同先前所見，個人敘事難以動搖。它們可能讓你以為你喜歡某個活動，即使這個活動對你一點也沒好處。同樣地，你也可能說服自己，你喜歡做某件你一開始討厭但對你有益的事。

值得注意的是，「喜歡」一項活動並不是非黑即白。舉例來說，在我身為學者的正職工作中，我喜歡一星期參與一次業界事務，也總是樂於與非學術同事見面，因為比起學術圈，他們更常用更有效率的方法在做事，而這一天我可以完全投入在這樣的場合。參與後我會很亢奮，總是

迫不及待地想要推行專案。不過，如果一星期做超過一次，我就會累個半死。同樣的道理也適用於社交場合以及對學術圈的觀眾演說。我可以一星期外向一天，從新朋友的身上汲取能量並與他們交流想法，但其他日子我還是很內向，比較適合獨立作業或遠距參與會議，我需要有充份的充電時間。

但我是在審查了各種活動帶來的感受之後，才發覺到這一點。現在我會調整我選擇的活動，以適應這些喜好。

此監測範本也給你一個為未來一週設定意圖的機會。這麼做可以讓你善加利用**顯著性偏誤（salience bias）**。

顯著性偏誤指的是，我們普通人傾向於把注意力放在顯著和最先想起的活動上。

藉由設定意圖──並把這些意圖和它們對大格局目標的附加價值連結在一起──最需要做的活動就會被你先想起來，也更有可能去完成。每週設定意圖的儀式讓你習慣把注意力拉到接下來一週，最後不知不覺地成為例行公事的一部分。

要注意上面給的例子皆明確指出活動是什麼（例如：

「線上課程的第四堂」或「寄五封電子郵件」）以及何時會發生（星期幾）。這為活動設下清楚的界線，你知道什麼時候該去做、什麼時候會完成。千萬別自欺欺人，如果你設定模糊的「閱讀」或「線上學習」意圖，便很容易失去持續力。要是沒有確切的終點或一定程度的承諾，你太容易去說服自己已經做了某事，實際上卻什麼也沒做。

但不用擔心短期無法遵守的問題，如果你錯過了幾個星期，回想一下讓你脫離正軌的原因是什麼。問問自己，元凶是不是你的舊敘事，接著讓自己繼續前進，最重要的是能夠堅持下去。

見解九：每週九十分鐘的最低履行承諾

開始從事這些活動時，你應該付出的最低履行承諾是什麼？我建議每週至少要有一個九十分鐘的完整時段。

我寫書過程中發生的那些趣聞，應該可以再次讓你相信，只要發揮專注力，大型計畫也能在中期完成。然而，如果你覺得你的工作和生活之間已經沒有平衡可言，或許會對規律從事活動的要求感到煩躁。你可能（合乎情理地）認為自己無法做到我在2019年夏天投入的那種程度。

你沒有時間，我懂。第三章完全根據你的疑慮所寫成。如果你已經不堪負荷，只要堅持每週空出九十分鐘的時間來進行「升級版」活動就好。平日做不到？那就改成週末。這麼做是在投資自己的未來——占用一點休閒時光不算什麼。

九十分鐘的履行承諾很小，應該不至於無法負荷。但你要是善用這段時間從事持續學習，它的長度也足以讓你進入心流，並開啟不斷前進的良性循環。要參加一場社交聚會或是與同事及新朋友相處亦綽綽有餘。

這個九十分鐘的時段，將確保你每個星期都能紮實地付出努力並看到明顯的進步。

見解十：突破親友障礙

聽說寫書有一個最慘的狀況，那就是只有你自己的親朋好友才會買來讀它。為了避免真的走到這一步（畢竟成功是天分、努力和運氣的產物），我最好別現在就嚇跑我的這些核心讀者（也就是我的至親好友）。

但是，在我們想做出改變時，可能會面臨的障礙之一就是朋友、家人和同事的反應。或許某些和你有緊密關係

的人，他們所從事的活動本身就不符合你的大格局目標。又或許你很享受和親友一起從事某些活動，但這些活動都對「升級版的我」毫無益處。這些活動可能包含通宵喝酒，喝到影響你隔天的表現；或是一起追劇追到眼睛發紅，導致無法持續進行學習；或是享用太多含糖食物，而讓你難以集中精神。這些活動一個月做一次、甚至一個星期做一次都無傷大雅，但太超過就會阻礙你投資「升級版的我」。

當然，做這些事也會帶來立即的滿足和樂趣。對你的同伴而言，要是你宣布不再參與其中，等於是毀了他們大好的興致。在某種程度上，的確是如此。但你正在追求一個更長遠的目標，勢必得犧牲掉一些即時的享樂。

突破他人的負面反應至關重要。我的建議是態度要明確，如果你打算完全不再做某個活動，你必須要讓他們知道；如果你打算參與，但頻繁程度降低，也請告訴他們，你確切可以參與的日期，然後遵守你的承諾，並帶著微笑準時出現。如果心裡有內疚感，也無需去內化它。

那些讓你喪志的人是負面教材。跟他們互動完之後，你會覺得自己好像比以前還要微不足道。他們可能會藉各種機會指出情勢對你有多不利，說出「像你（我們）這種

人是不會成功的」、「機會是留給更有錢／更聰明／更特別的人」或「你太看得起自己了吧」。當然，這些訊息從親近的人口中說出來，往往影響力最大。

這種對話的結果會助長有害的個人敘事，最好盡可能避免跟他們談論你的小步驟和大格局。堅持自己的道路，對於他們，你的計畫細節能透露得越少越好。等事情成了之後，再用一杯慶祝的香檳讓他們知道。（乾杯！）

為了制衡人生中的「負面教材」，你必須尋找專屬於這段旅程的「好榜樣」。

每個人都需要支持，包括「升級版的我」。

「好榜樣」能夠激勵人心。當你遇到障礙時，他們付出時間幫助你找到最佳的解決方法，並且不會讓你有罪惡感。當你和這些有正面力量的人在一起時，可以安心地描繪未來的自己，也能安全地透露你目前遇到的阻礙。

在理想的情況下，我們的生命中至少會出現一位「好榜樣」，他們充分了解你想追求什麼樣的目標。如果這樣的人還沒有出現在你的生命中，你應該開始認真把他們找出來，透過之前我們談論過的方法試試。我甚至看過有人

用尋找戀愛對象的方法，來尋找屬於自己的「好榜樣」，而且十分成功。想想你希望的「好榜樣」會擁有什麼特質，這樣能有更好的效果。舉例而言，你需要一個能夠傾聽和安慰你的人嗎？還是能夠驅策你、讓你變得更強的人？當然，尋找「好榜樣」的好處在於，不必像找伴侶一樣遵守兩人至死不渝。幸運的話，你會有不同的人，為你在不同的時刻，提供各式各樣的觀點。

三、二、一，出發

　　你的旅程會持續好幾年，這是一段很長的時間。你要在這段期間讓工作環境從了無生氣，變為令人驚艷是很有可能的──只要你有決心和毅力。有些人只想做出適度的改變，這也完全不是問題。制定一套有目的的計畫將幫助你達標。如果你確實依照本章節的建議去做，你即將付出的履行並不會重大到打亂你在短期之內的生活，但長期下來會有巨大回報。

　　我們來回顧一下能幫助你設定大格局目標並找出必做小步驟的行為科學見解……

見解一：「升級版的我」每天做什麼事？

一開始先找出你現在喜歡做的事，或你認為你會喜歡做的事，讓它們在你放大格局時形成點子。

見解二：「升級版的我」擁有什麼技能組合？

定義「升級版的我」需要得到什麼技能。你很有可能需要提升目前的技能組合或磨練新技能。

見解三：取得「升級版的我」所需技能

讓從事「升級版」活動成為一種習慣，如此一來你便會自動自發地去做。

見解四：在職磨練「升級版」技能

辨識並投入你可以在現有工作上進行並且幫助你邁向目標的活動。下定決心在下個月從事一個或多個這樣的活動。

見解五：踏出去磨練「升級版」技能

與平常生活圈以外的人會面能加速你的進步。下定決心在下個月從事一個或多個拓展人脈的活動。

見解六：透過持續學習磨練「升級版」技能

找出持續學習的機會。確保每週空出時間，讓持續學習成為平常例行公事的一部分。

見解七：透過心流增強學習效果

從事持續學習時，注意有哪些情境和狀況能讓你進入心流，並複製到未來的持續學習課堂中。

見解八：審查你的進展以確保成功

每週空出一個小時監測你的進展。利用這段時間為下一週設定意圖。

見解九：每週九十分鐘的最低履行承諾

投入至少一個九十分鐘的時段進行目標活動。

見解十：突破親友障礙

即使親友不看好你做出改變，還是要堅守計畫。尋找正面榜樣。

你在閱讀本章節時定下的每週履行承諾，會直接轉化成實現大格局目標的過程。藉由每週審查每一項活動帶來

的感受，你會知道踏出特定的一小步能得到多少快樂。由於這些承諾很小，你的生活並不會被打亂。你的敘事不該要求你在前近的路上停下來。

　　祝你目標設定順利！

在進入下一章之前，請先確定你：

- 認出阻礙你放大格局的敘事，並建立過程來改變它
  們。
- 一一詳閱每個行為科學見解。

本章節提到的五個實用行為科學觀念

1. **確認偏誤（confirmation bias）**：偏好能夠確認先前既
   有認知的資訊。

2. **未來的自己（future self）**：想像自己在未來會是什麼
   模樣。人們通常想到未來的自己會引發同理心並更願意
   進行長期投資。

3. **系統一與系統二（system 1 and system 2）**：透過系統
   一做出的決定快速、仰賴直覺而且處於自動駕駛模式；
   系統二相比之下較為審慎。

4. **富蘭克林效應（Ben Franklin effect）**：當一個人幫了另
   一個人的忙，下一次很有可能會繼續幫忙，但如果對象
   是曾經幫過他們的人，這個效應就不會那麼強。

5. **界定（framing）**：資訊或選擇以正面或負面的方式被
   呈現，會改變它們的相對吸引力。

時間

要實踐為自己設想的規畫，可想而知需
要時間，但時間是有限的資源。你必須
建立系統和架構以確保自己專心一志，
增加成功機率是自己的責任。你的小步
驟必須配合你的日常優先事項！我們都
應該保有自己的生活，請聚焦如何減少
你的時間陷阱。

「太驚人了，吉莉安。他們最後竟然在醫院感染了HIV，醫院這種地方本來應該要幫你把病治好的！我就說吧，跟打針扯上關係一定沒好事。」我探過身去，對著朋友低聲道。愛爾蘭語的模擬考即將結束。當時是1997年，我在愛爾蘭讀高三。

「現在提C型肝炎與HIV做什麼？」她回答。「考試好難，我還是覺得我一輩子都搞不懂**條件語氣**（modh coinníollach）[1]。」

砰！巴克莉老師用力拍了我的桌子，打斷了我的思緒。我揉揉太陽穴在心裡哀嚎，知道接下來會發生什麼慘事。

「葛蕾絲・洛登！本校考試中不得交談。我要取消你得知模擬考結果的權利，並請你母親來見我。」

「老師，為什麼是母親？」我質問，雖然吉莉安一直用懇求的眼神示意我閉嘴。「為什麼不是父親？這樣不是有點性別歧視嗎？我最近讀到一篇文章說母親往往被視為照顧者兼管教者，因為……」

在我滔滔不絕時，我可以看見巴克莉老師的眼睛越瞪越大。我敢打賭她在那個當下，一定很想往我的頭頂上打下去，但最後只選擇罰我為期六個禮拜的每週五留校察

看，也許是因為在那個年代的愛爾蘭，體罰已經不被社會所接受。

我想不起來為什麼C型肝炎與HIV那天會出現在我的腦海中，但這種沒來由的思緒對容易分心或拖延的人來說很常見。

當你試著讓生活加速前進時，紛亂的思緒並無幫助。它們不只在你需要拿出最佳表現的時刻（像是考試、重要會議、面試等等）讓你心不在焉，還會害你被完全不相干的活動吸引注意力，像是追劇或和朋友交際應酬太久——把真正的優先事項忘得一乾二淨。

你是否曾規畫超高效的一天，最後卻一事無成？

時間是你最寶貴的資源，它一去不復返且千金難買，但在今天的世界裡，有一大堆東西會無差別地想跟你奪取它。對抗分心和拖延是場長期抗戰，也許你會輸掉幾場戰役，但憑著毅力就能得到最後勝利。

我從慘痛的經驗當中知道這並不容易，我在學生時期曾被吼叫、懇求、要求坐在教室後面和趕出去教室，次數多到數都數不清，但背後的原因並不是我會嗑藥、喝酒、

上床或在廁所抽菸，而是因為我分心、害別人分心或害老師分心。我犯的罪就是無法專心，其中巴克莉老師看我特別不順眼，在拿畢業證書前夕的家長會上，她告訴我的父母，他認為我進不了任何高等教育學校，更別說是大學了。當時我媽非常失望，然而，現在我成為了國際知名大學的副教授。你說，巴克莉老師是不是看走眼了？

巴克莉老師的確是個討厭鬼，但我還是必須強調，當時她對我的批評並非毫無根據。畢竟當時的我因為注意力難以集中，所以書讀得並不好，儘管我高中畢業後有想繼續求學，但卻看不到任何前途。**要有抱負很簡單，難就難在如何讓它們變成現實。**除了努力之外，還需要重新排定時間利用的優先順序。

我是怎麼拿到夠高的畢業分數去地方大學念電腦科學的呢？這全都要歸功於我親愛的母親麗塔。在大考前一年，我媽每天會來問我隔日的讀書計畫，然後這份計畫就會在前一天被寫好，並貼在臥室書桌上。另外我媽還會為我製作時間表和檢核表，用來凸顯我每天該做哪些活動。這些表格無形之中幫助我把這些活動放在心上，也給了我最大的成功機會。那時我媽花了很多力氣來幫助我，多虧她建立起簡單的架構，我才得以實踐計畫、好好讀書，最

後順利上大學。

但在成年人的世界裡，你必須自己下功夫，你必須建立系統和架構以確保自己專心一志，增加成功機率是自己的責任。

時間是有限的

要實踐為自己設想的規畫，可想而知需要時間。但時間是有限的資源，我實在想不出有哪個我認識的人是不忙的。如果我現在想約你一起喝杯咖啡，你可能也會說你最近忙翻了，最終我等了兩個星期才約到你。

為什麼大家都沒時間？大部分的人感到忙碌是因為——從起床的那一刻起，如果不特別注意，我們的時間就被「有用」和「不太有用」的活動吞噬。那麼你要做的第一步，便是找出目前行程中有哪些被「不太有用」的活動占用，而那些時間可以挪給大格局計畫使用。

你已經知道該如何騰出時間來實現「升級版的我」了嗎？先別急著稱讚自己，因為這是簡單的部分，難的是實際去「做」。

每週找出還有哪些時間可以從事大格局的小步驟，就像節食者每天從日常飲食中找出還有哪裡可以減少卡路里。**好吧，很簡單，不要吃那些果醬甜甜圈就行了。**

難的地方在哪裡？不吃果醬甜甜圈。

難上加難的地方在哪裡？在你疲累、焦慮——或是相反地，得到好消息而想要犒賞自己一番時，不吃果醬甜甜圈。

對任何決定養成慢跑習慣的人而言也是同樣道理，要寫一個從整天躺在沙發上到出門跑五公里的計畫很容易。第一天跑十分鐘、走十分鐘；第二天跑十五分鐘、走五分鐘⋯⋯你告訴自己，一天只花二十分鐘，會難到哪裡去？但快轉到第五天，你已經累了，身體有點痠痛，綁鞋帶時感覺到運動鞋因為昨天下雨**還濕濕的**⋯⋯

回床上再睡半小時也沒什麼關係吧？

有想要養成跑步習慣的意圖很容易，要在日記本寫下賽前練跑計畫也很容易，通常第一次跑步更是輕輕鬆鬆。一開始你會感到很新奇，但連續三個月不錯過任何一次訓練就很難，**要定期執行一項計畫是一般人克服不了的關卡。**

但你可以先從簡單的開始做起：想想你要從哪裡抽出

時間進行小步驟。接著我們便可以認真地利用行為科學來幫助你堅持到底，我將著重十個你立刻用得上的行為科學見解，養成好習慣為這段旅程規律投入時間。

找時間很容易

一週一次，假設是每星期日晚上好了，你將為接下來七天設定意圖，分配這邊九十分鐘、或那邊三個小時給重要的「升級版」活動（回想一下你在第二章決定要做的活動），就跟你可能會列出「從沙發到五公里」訓練計畫的時間配置一樣。

當然，你必須從已經滿檔的行程當中找時間來從事這些過程，大家都很忙，但要找出時間最大的障礙是什麼？**時間不一致偏好**（*time-inconsistent preferences*）。

> 什麼是「時間不一致偏好」？這個行為科學術語指的是大部分的人不常去做有長期利益的事，因為我們缺乏自我控制。遇到**跨期選擇**（*intertemporal choices*）時，自我控制問題必須被正面迎擊。什麼是跨期選擇？意思是你會選擇立

> 即的滿足，還是從事其他活動以得到長遠的收穫。簡單舉
> 例：大部分的人很難會選擇花三個小時寫小說或學英文，而
> 是會把同樣的時間拿來用在跟朋友去酒吧或看電視，畢竟那
> 快樂多了！

　　然而，如果幸運的話，你還是可以從邁向大格局目標
的小步驟得到立即的滿足。假設你想寫小說或是學習新語
言，而每一次付出努力後，你便會從沉浸式的心流狀態得
到立即的滿足。儘管從事這些活動的主要成果收穫，還是
要等到未來才能收割，例如：收到第一份版稅，或是能用
一口流利英文與外國客戶閒聊。

　　相比之下，有更多活動可以先享受樂趣、後付出成
本，在行為科學中我們稱之為「罪惡」或「壞事」，但在
本書中我將使用**時間陷阱（time-sinker）**一詞。時間陷阱
包括狂飲、懶在沙發上和沉迷線上社群網絡。這些活動除
了是時間陷阱，也會對個人健康帶來長期代價[2]。另外還有
線上購物和賭博，除了是時間陷阱，也會增加下一期信用
卡帳單的金額。就連收發電子郵件、參加無意義的會議和
應付辦公室政治，都會浪費掉你本來可以拿來進行更有價

值活動的時間。

> 你的小步驟不應該占用你花在
> 健康、家庭或放鬆上的時間。

　　你的小步驟必須配合讓生活品質更好的日常事項。把
眼界拉到中期目標的重點，就在於讓你可以繼續跑步、當
個稱職的好友或來個泰式按摩放鬆筋骨。因此，本章節會
聚焦在如何減少時間陷阱。

時間審查

　　每年英國的稅務及海關總署（或美國的國稅局）都會
檢視人民的收入，確保他們繳納適當金額的稅款。時間審
查則是檢視你如何花費一天當中的每時每刻，讓你看看計
畫是否如期執行。

　　試著為接下來的七天進行時間審查。建議你把一天切
割成十五分鐘為單位，讓時間陷阱在細節之中得以凸顯。

　　時間陷阱可以（也應該）被排除、避開或削減。審查

時用螢光筆標出時間陷阱，會更容易看見你的時間在哪裡被白白浪費掉。

時間陷阱

你最大的時間陷阱是什麼？對我來說是出席無意義的會議、收發不必要的電子郵件以及追劇。我將一一說明過去我在這些事情上花了多少時間，你便能找出自己的時間陷阱並設法克服。

我避開這些時間陷阱的方法之一是建立一個讓我最有可能照著計畫走的架構。

我的時間陷阱

項目：出席無意義的會議，少了我也沒差又沒有附加價值
- 每週時間成本：七小時。
- 可節省時間：四小時（為了讓同事知道我還活著，所以偶爾出席個幾次）。

- 做法：寄禮貌的道歉信，內含我對會議論文的評語，加上最誠摯的祝福。如果會議沒有準備論文，直接缺席即可。如果連主辦單位對這場會議都不在乎，我何必在乎？

項目：收發不必要的電子郵件

- 每週時間成本：難以預估，因為檢查信箱是習慣性的動作。這是一種戒不掉的癮，有時下意識檢查信箱的次數一小時高達二位數。
- 可節省時間：時間成本的80%。[3]
- 做法：把電子郵件從電腦和手機移除，因為我最常不自覺地透過它們檢查信箱。只留下iPad的郵件功能。這麼做讓我無法下意識地檢查電腦和手機的信箱。此外，我把收發郵件的時間局限在午餐後和晚上休息前。提醒自己，我並不是心臟外科醫生，就算不秒讀秒回也不會有人因此喪命。[4]

項目：追劇的同時放空滑手機

- 每週時間成本：每晚一個半小時，加上星期六和星期天約五小時。
- 可節省時間：六小時。

・做法：好，這對我來說很難，因為這是我放鬆的方式。因此，和無止盡檢查信箱或出席愚蠢會議不一樣，我不希望「根除」追劇的癮。然而，我還是決定把時間減少，把放空追劇的習慣改成只看一部完整的電影，或每晚兩集影集。我也把所有裝置放在房間外，不再邊滑手機邊看電視，以便我能夠更專心享受。多虧Apple TV、Now TV、Netflix和Amazon可以很容易取消和重新啟用（行為科學中，可以輕易取消就「比較不容易上癮」），我現在輪流訂閱不同平臺，有了更多的節目選擇。這種「有意圖的觀看」為我的睡眠品質帶來非常正面的連鎖效應。

　　整體而言，改變我在兩個時間陷阱裡投入的時間，讓我每週多出至少十小時，再加上改變電子郵件習慣保守估計的十小時（真的「**非常**」保守！）哇！那就是每週有二十小時可以用來經營我的大格局。大家總是說一星期只有七天不夠，但這麼做可以賺到一整天！一年有五十二週，等於是省下1,040個小時！五年就是5,200個小時！想像一下這5,200個小時要是花在未來五年實現抱負，我不知道都爬到什麼位置了？

現在就來揪出你的三大時間陷阱……

時間陷阱一

項目：
每週時間成本：
可節省時間：
做法：

時間陷阱二

項目：
每週時間成本：
可節省時間：
做法：

時間陷阱三

項目：
每週時間成本：
可節省時間：
做法：

行為科學見解

　　你在第二章為中期歷程的活動設定了意圖。現在也藉由時間審查揪出了時間陷阱，有更多時間可以採取小步驟並實現大格局目標。

　　那麼成功的路上還有什麼阻礙呢？被當下更好玩有趣的事吸引注意力？受到郵件或胡思亂想干擾而讓心思偏離核心目標？

　　當小步驟的任務變得困難，或外部事件破壞你的節奏，該如何堅持不懈就是真正要下功夫的地方。照著計畫走並不容易，規律執行小步驟需要自律。事實上，它需要的自律程度一般人都達不太到。

　　為了達成目標所做的工作一定會有冗長乏味又無聊的時刻，也一定會有不能和朋友喝一杯或和伴侶上電影院的時候。但這是你選擇的道路，通往你心目中的理想生活。只有你才能讓它成真，別讓時間陷阱把你拖下水。

　　我們不一定每次都會選擇立即的滿足。就像之前說的，我很容易分心，難以保持專注，但花了很多時間完成你正在讀的這本書。這就是一段中期歷程，需要我一開始

放大格局，接著執行非常規律的小步驟來完成它。

行為科學讓我知道我可以克服分心並保持專注，藉由認清哪部分的我是造成分心的原因，以及建立架構來自我防範。我會在下面說明這些架構——它們是行為科學最實用的見解，能確保你躲開時間陷阱，執行規律小步驟並達成目標，不但容易做到，而且成本低廉，甚至免費！

每個行為科學見解都能幫助一些人，但不一定能幫助所有讀者。你們都是獨一無二且特別的，不同的人適用不同的方法。我還是鼓勵你一一嘗試這些見解，有意識地評估它們對你是否有效。如果有效就繼續做，要是一星期之後沒有看到任何益處，那就直接換下一個。你也不必按照順序，想做的先做即可。

這叫做**試誤學習**（*trial-and-error learning*）。留下有效的，其他則剔除。試誤學習對我來說有絕佳效果，幫助我管理自己的（缺乏）注意廣度（attention span），進而管理時間。我經常把自己當成行為科學實驗品。好，這聽起來有點奇怪，但基本上就是我會把行為科學見解套用在自己身上，七天後坐下來評估我做出的改變，是否真的把我的行為調整到我要的方向。如果結果是肯定的，我會持續做出相同的改變，每週監測它如何影響我的行為，直到

不再產生作用。到了這個時候我已經適應了，新奇感逐漸消退，我便會再去嘗試別的。

如果你保持開放的心胸，可能會有意外收穫。個人化的介入（intervention）[5] 將大大提升你的成功機會，不同的人適用不同的方法。試誤學習的意義在於停止徒勞無功（或更糟，害你分心！）的方法，而能帶來好處的就繼續堅持下去。

有一句俗話說，我們長大都會變成父母那個樣子。經常實踐行為科學見解的我，活脫脫是我媽的翻版──她堅決把任性的孩子安全地送進大學，我則刻意督促分心的自己實現有意義的中期目標，像是寫出這本書。到了本章節的尾聲，我希望你也能做到這一點：讓自己走在成功的正軌上。

在下列十個行為科學見解中，選出對你最有吸引力的一個，**明天**就融入到生活中。把整個過程記錄下來也會很有幫助。

尋找對你有效的方法本身就是一段自我探索的旅程。

見解一：重新調整眼前的成本與效益

巴克莉老師拒絕給我模擬考的分數，這代表接下來六個月我都要籠罩在不確定自己實際表現的陰影中。加上所有跡象似乎都顯示我註定要失敗，於是我媽更加把勁地要把我拉回成功的正軌。她很清楚就算女兒就讀大學能得到任何收穫，那都是未來的事，她要確保我目前花時間讀書的成本與效益能重新平衡，這樣我才更有可能讀書。

愛爾蘭媽媽有一種必殺眼神，會讓孩子們知道這件事情沒有商量轉圜的餘地。更糟的是，如果這種眼神起不了作用，沒完沒了的碎碎念就會隨之而來。我在準備畢業考的期間不知道看了多少次這種眼神、聽了多少碎碎念。這些都是壞行為的明顯成本，以我來說就是沒有好好讀每天該讀的書。

當我媽用這種眼神把不讀書的成本帶到那個當下，碎碎念的真實超過了看電視或從事其他不重要活動的立即效益。行為科學家稱之為**棍子（*stick*）**，就像真的棍子一樣，它有能力以令人不快的方式驅策你往某個方向前進。

但我媽不只是碎碎念，她還會哄騙和讚美。「我真是以你為傲，葛蕾絲。」她會這麼說：「我知道讀書有點枯

燥，但很快就會結束。要不要來杯茶和一些巧克力棉花糖？」這些好吃的棉花糖加上體貼的話語，**馬上**為我的努力帶來效益，讓我心甘情願地坐在書桌前。

行為科學家稱這個策略為***胡蘿蔔（carrot）***。當你得到立即的滿足，就會產生動機讓你現在去做某個行為，而且它還有可能讓未來的生活更好。

我媽提供了各式各樣的胡蘿蔔：有益健康和療癒身心的食物、休息時間的溫暖陪伴、晚上租電影來看放鬆心情，還有在表現最好的日子得到的各種獎賞（從漂亮的文具到我最愛商店的禮券都有）。

整體而言，我媽完美地運用了胡蘿蔔（獎勵）加棍子（懲罰）的方法。而我當時確實迫切地需要我媽的幫助，因為除了我自己有專注問題以外，我當時就讀的學校，其實升學率並不高，所以根本沒有同儕效應（來自同儕的正面影響）能幫助我拿到更好的成績。[6] 情況對我很不利，而我必須要非常用功讀書，才能扭轉乾坤。後來我發現全世界都有偉大的媽媽應該要被表揚，因為她們讓孩子在逆境中達到社會流動。其中許多偉大的媽媽，都出於本能地運用了胡蘿蔔與棍子，來幫助孩子實現目標。

現今，如果我為了某件事努力的效益很不確定，且收

穫更是在遙遠的未來，但占用休閒時間的成本很明顯，我還是會藉由建立架構來改變立即的效益和成本。

在你開始創造自己的胡蘿蔔與棍子之前，
先問自己一個問題：「我要怎麼降低小步驟的立即成本，
並增加它們的立即效益？」

基本上，你要問自己如何讓符合大格局目標的活動（第二章）「**現在**」就變得更有吸引力。一個經典的例子是有些人想在早上運動，卻總是把鬧鐘按掉。他們要怎麼更輕鬆地去做出計畫中的行為？

他們可以把鬧鐘擺在房間另一端，強迫自己起床關掉；也可以進一步把運動鞋和健身服裝擺在鬧鐘旁邊，便能迅速著裝。

這有什麼用處？鬧鐘的距離變遠，代表賴床的成本增加（誰會想要躺在那裡一直聽鬧鐘響？）且起身後再回到床上的效益減少（愛睏的感覺開始消退）。同時，可以馬上穿的運動服裝降低了準備的成本。

稍微改變新習慣（小步驟）的成本與效益，對你保持正軌的可能性有極大的正面效果。舉例而言：

- 電子郵件和社群媒體害你在進行持續學習時分心？試試把電子郵件和網路連線從眼前的工作環境中移除，讓自己有一個離線的空間可以做事。上網需要付出的努力增加了，這個活動「**現在**」的成本也增加，你便比較不會去做它。
- 懶得出席社交場合因為你太累？給自己一個誘因，在每個月一次的社交場合隔天晚上安排享樂活動。可以是和朋友出去吃飯或叫外賣配電影的放鬆夜晚。這個誘因增加出席社交場合的立即效益，也可能讓你突破疲勞障礙。

見解二：培養自我信念

「葛蕾絲，你可以成就任何事。這完全由你決定。只要你經常投注心力，就能突破所有極限。你聰明絕頂，我相信你。」畢業考前三個月，我媽對我這麼說。

當時我對此抱持懷疑態度，我還記得1997年的那個下雨天，自己坐在書桌前翻個白眼，表示我聽到了這個訊息，但沒有真的聽進去。我認為自己平凡無奇，跟一般人

沒什麼兩樣，要說所有極限都能突破那是不可能的。青春期的我極度缺乏真正的自我信念，不過，就算沒有自我信念，有人相信你也可以帶來珍貴的價值。

別人相信你功課好或不好，對你有差嗎？哈佛心理學家羅伯特‧羅森塔爾（Robert Rosenthal）和小學校長蕾諾兒‧雅各布森（Lenore Jacobson）在1968年進行了一項畫時代研究，調查教師對學生能力的看法會如何形塑孩子的整個未來。

他們對舊金山南方一間小學的學童做了一項測試，以識別大器晚成的孩子。這項測試表面上讓羅森塔爾和雅各布森找出目前看不出來特別優秀，但預期很快將會顯露聰慧天資的學生，並讓其教師知道結果。

接下來發生什麼事？教師們因為有正面的期待，便開始對這些大器晚成的孩子另眼相待，也就是所謂的**畢馬龍效應（Pygmalion Effect）**。直至年底，他們再度測試學生的學業能力，結果顯示標記為傑出的學生和剩下的學生在進步幅度上有著巨大差異。這代表什麼意思？這場評估完美預測了誰是大器晚成的學生嗎？實際上，不盡然是如此……

這些所謂大器晚成的頂尖學生，事實上是用抽籤隨機

抽出來的。他們的表現不一定好或壞，挑選過程跟學業或應考能力也都沒有任何關係。這個實驗主要是在驗證教師對某些學生能力的看法，也是一種自我應驗預言──一旦教師給予正面期待，學生就會試圖努力去滿足期望。

這些孩子的優勢並非天分，而是因為教師給予這些「大器晚成」的學生更多注意力，因為老師們相信這些孩子具有潛力。而教師的信任因此讓學生更加努力，進而得到更好的成績。

啟動一項中期計畫時，培養自我信念會帶來好處。為什麼？如果你相信自己，就會相信實現大格局目標並得到所有相關利益是可能的。你現在就需要這樣的連結，肯定自己做得到並確保每日活動的實踐，產生自我應驗預言或畢馬龍效應。

那麼自我信念要如何培養呢？

時時提醒自己，只要努力不懈，你可以改變自己的技能和其他特質。這些東西**是**有可塑性的。或許聽起來過於簡化，但**相信自己可以改變能力是讓改變發生的關鍵要素之一。**

我在倫敦政經學院教了很多年的計量經濟學──一個以統計學為基礎的經濟學學科，很多學生都很怕它。我很

樂意跟你分享一個典型化事實（stylized fact），那就是「害怕這個科目」往往才是學生學不好的因素。身為老師，化解這種恐懼對我的學生有莫大幫助，確保他們不會只是因為被嚇到就不願意讀。我唯一能做的就是改善學生的自我信念，使他們維持學習曲線。

我怎麼知道在面對難關時提醒自己「**做得到**」會帶來好處？強而有力的證據顯示，積極改變自我信念能讓各種有價值的人生結果變得更好。舉例而言，在2011年一項以超過一萬五千名兒童為受試者的研究發現，被鼓勵相信智力是可以透過學習改變的兒童，在困難的任務中得到的分數，比沒有聽到這些訊息的對照組高出很多。[7] 讓人知道他們可以改善自己的智力，亦在其他幾個情境中被證明能夠改善學生的成績。[8] 意識到自己可以實現大格局目標有助於你實行小步驟，並且最終抵達目的地。還有其他證據顯示，重申這種形式的個人適應力（personal adequacy）[9] 有利目標達成。

想聽聽更振奮人心的消息嗎？你可以在人生任何時刻發展軟技能（soft skills）[10]，也就是說不管你年紀多大都能改善行為、自尊、毅力和韌性。整體而言，行為科學研究告訴我們，只要相信你可以增進各式各樣的技能，你在那

些領域的表現就會立即提升。

　　你想要成功走完大格局旅程嗎？不妨撥出一點時間，重申自己已經準備好迎接挑戰，成為「升級版的我」。想想你目前做過的所有小步驟，這就是你正在邁向目的地的最佳證明。關鍵在於不斷重複、每週執行。

　　如果你一開始發現自己辦不到這件事，你能找一個朋友幫你加油打氣嗎？某個知道你正在努力成為「升級版的我」，可以適時推你一把的人？

　　　當你開始動搖、自我信念受到打擊時，
　花一點時間提醒自己，你現在正在經歷的不安全感是
　　　短暫而非永久性的──這麼做會有幫助。

　　有證據嗎？在一項出色的隨機對照研究中，讓大學新鮮人閱讀虛構的過往學生報告，內容說明格格不入的感覺只是大學生活一開始暫時的現象，結果顯示這些新鮮人的學業成績平均點數（grade point average）比沒有聽到這個信心喊話訊息的同儕多了0.3。[11] 一個很簡單的動作，就能讓學生知道在一段中期歷程的初期，會感到無所適從是正常現象，也能幫助他們走在正軌上。

如果你在社交場合總覺得格格不入，或是在訓練課程中因為跟不上別人而缺乏歸屬感，或是認為自己在會議中講不出什麼有建設性的話，記得提醒自己，這些都是暫時性的感受。

把這個箴言放在心上，並堅持下去。時時提醒自己，這種陌生的感覺很快就會過去。因為只要你在任何地方待得夠久，最後一定會產生歸屬感！

見解三：給自己額外的時間

儘管準備畢業考的過程有各種高低起伏，但我在1997年4月中旬，還是再次進入了另一個低潮期，雖然有最好的意圖和幾次嘗試起步，可是我依然提不起勁去準備學校的英文複習課……

「老師……我沒想到這會花我這麼久的時間，這無聊透頂到我必須一遍又一遍地重讀前十頁。」

我試圖跟教英文的費茲本老師解釋為什麼我不知道《李爾王》（*King Lear*）的結局是悲劇。這算什麼問題？青少女葛蕾絲只知道：一、讀《李爾王》本身就是一場悲劇；二、她嚴重低估了讀完它所需要的時間，包含實際閱

讀和拖延到天荒地老的時間。

　　制定計畫從事任何活動時，我們會有意識或無意識地估計三個參數。第一，要花多少時間。第二，要花多少成本。第三，要承擔什麼風險。我的《李爾王》計畫除了無聊沒有任何成本，但我嚴重低估了閱讀所需的時間。更糟的是，我低估了自己拖延的風險以及逃避的能力。不過，從小到大，我都不是唯一一個計畫做不好的人；就算是以此為業的人也會失手。

　　過去數十年來，「凱爾特之虎」（Celtic Tiger）讓愛爾蘭的年輕人得到的機會不是大好就是大壞，這個生動的暱稱來自於1990年代中期至2000年代晚期的經濟快速成長和薪資水準提升。在那個時期，愛爾蘭不惜成本與時間啟動了許多大型建設。其中之一就是在當地惡名昭彰的都柏林港隧道，一開始設定的預算為一億歐元。它在2006年開通，兩年後又比計畫中多花了六億歐元。更慘的是，這條隧道的創新設計對某些駕駛而言毫無用處，因為它的天花板蓋得太低，最新的卡車根本過不去。

　　做出離譜計畫的不是只有愛爾蘭人。在南半球的澳洲，雪梨歌劇院經過了鉅細靡遺的規畫階段，預計以四年七百萬澳幣的預算完工。結果現實又是如何？多花了十年

和九千五百萬澳幣。另外，加拿大為1976年夏季奧運會蓋了一座屋頂可伸縮的體育館，原本的預算為一億二千萬加幣。猜猜最後怎麼了？它到1989年才全部大功告成，光是屋頂就耗盡了預算。英法海底隧道也是同樣下場！工程延宕、預算爆炸。

你打算創業嗎？這一種中期計畫經常因為低估成本與時間而高估成功的可能性。平均30%的經理人預估他們失敗的可能性為零（在經濟不確定的世界裡，這根本是不可能的數字！），而80%的人認為成功機率高達70%以上。[12]

這些計畫失敗背後的原因是什麼？**規畫謬誤（planning fallacy）**——多虧丹尼爾・卡內曼和阿莫斯・特沃斯基（Amos Tversky）在1979年提出了這個概念。

規畫謬誤指的是人們往往低估進行一項活動需要的時間，即使已知類似活動在過去比預期的還要耗時。我們對自己的生產力過度樂觀，誤以為很容易便可以完成一項活動，導致分配給各種活動的時間太少而無法一一完成。

我們做計畫時會假定事情進行得很順利、假定最好的狀況會發生，即使過去並非如此。但我們依然會以為拖延、疲勞、分心或干擾都不存在，這種樂觀的想法對時間配置造成連鎖效應。

嚴格定義「規畫謬誤」指的是我們嚴重低估達成目標的所需成本，也就是時間與金錢。然而證據顯示，在個人決策中，大部分的金錢估計都相當準確；而不管在哪個情況下，人們卻一次又一次地低估達成一個目標需要的時間。更直接地說——我們預估時間的能力爛透了。我們搞不定時間管理，很難好好地坐下來完成無聊的工作，讓自己專心一志達成里程碑和趕上截止期限。

　　我很確定你在第二章制定的計畫會產生規畫謬誤，我幾乎敢打包票，只要你不留空間給「規畫謬誤」就很難不自招失敗。想像一下幾天之後，當你坐下來打算進行一個你分配了三小時要完成的活動，實作完成後卻發現你只達成了活動的50%，你會怎麼辦？許多人會對自己沒有達到預期表現感到失望，也有人會覺得這證明了他們就是無法實現「升級版的我」，因而被挫折拖住了前進的步伐。如果你不斷落入規畫謬誤的陷阱，就越來越有可能會覺得無法承受而放棄。

　　到底要怎麼克服規畫謬誤呢？

　　一個好的開始是對著鏡子照自己的臉，確認你是這種認知偏誤的受害者。接著審查你前一年**擬定的**所有計畫，基本上，你要列出你在過去十二個月擬定的計畫清單，不

管你有沒有如實完成都一樣。

　　把它們一一寫在第131頁的表格「我定的計畫」那一欄，可能包含油漆棚架、跑十公里或幫孩子複習數學功課，以及一般的工作目標像是獲得升遷、爭取十個新客戶或在瘋狂的截止期限內及時寫完一本書。這份清單也可以包含更生活化的計畫，像是閱讀書籍或檢查牙齒和其他健康檢查。

　　在第二欄，記下每個計畫所屬的生活領域，你可以運用以下類別：

工作（「大格局」歸於此類）

財務

親友

健康

獨處（自我照護時間）

個人成長（可能來自於大格局旅程）

感情

自我形象

社會（回饋社會的舉動，像是募捐和做志工）

精神

根據每個計畫的執行狀況在最後三格勾選「搞定」（在預期時間內完成計畫）、「失手」（比預期還要長的時間完成計畫）或「沒做」（未完成計畫）。

　　表格填好之後，花一點時間反思。如果整欄都勾選「搞定」，那你可能沒有誠實面對自己。又或許你可以更進一步，把自我要求提高一些。

　　大部分的人會注意到我們比較容易在某些生活領域搞定任務，但在其他方面頻頻失手。又或許有些生活領域完全消失，連「沒做」都沒有，這就值得你好好思考，是不是刻意忽略了人生某個區塊，或是人生規畫出了問題。

　　我認識的一些商界人士，通常能達成獲取利潤或爭取新客戶的計畫，但卻不經意地犧牲了家庭或健康。這對他們自己的幸福造成傷害，可是這種情況與刻意不去做某個生活領域的規畫有很大的差別。

　　當然，每個人都有不同的優先事項，我有朋友根本不在乎身邊有沒有伴侶，也不想去約會；但換作是我，要是少了優秀的伴侶，一定會茫然若失。相同的道理，我就不太在乎自我形象，也不太可能花時間跟隨時尚潮流，更不會把它算在值得規畫的生活領域中。

　　填寫表格時，你可能還會發現有些計畫可以被歸類在

我定的計畫	生活領域	搞定	失手	沒做

兩個或兩個以上的生活領域中。舉例而言，我寫這本書能得到自我成長，也為工作領域帶來貢獻。同時，我在不同階段經常會特別專注在某些生活領域上。為了推動工作專案，我喜歡有獨處的時間可以埋頭苦幹，但這也代表我見到親朋好友的機會勢必會少很多。那我該怎麼跟他們協調呢？我會讓大家都知道我想要做什麼，接著安排計畫完成不久後，一起度過沒有干擾的相處時光。這種時間的取捨是有意圖的，你要分辨清楚，有時候你並沒有失手，只是還沒出手罷了。

現在來看看「沒做」的計畫，它們為什麼會胎死腹中？你有其他更具吸引力的事要做？還是有充分的理由？假設你報名了一個線上課程，到了第四堂課，你很確定你對內容沒興趣；也許它與你的期待不符，又或許你就是無法樂在其中。於是，你問自己：這個課程是不是期限內抵達目標的唯一道路？答案是否定的。你還是去上了第五堂課，但從頭到尾如坐針氈，在你評估繼續下去的成本與利益時，是否應該把先前已經投入的時間納入成本中？答案是否定的。最終你豁然開朗，發現自己如果繼續下去，就會像吃到飽餐廳裡為了「值回票價」的人一樣，明明吃得很撐卻硬要把不怎麼樣的餐點塞進肚子裡；或是買了票進

電影院，發現是個大爛片，即使知道浪費時間卻堅持看完的人。你會落入**沉沒成本謬誤（*sunk cost fallacy*）**的陷阱。

只要意識到自己要去做更值得做的事，
放棄現有的目標也無妨。

但如果你不是故意要放棄呢？像我就經常如此。我原本打算每週選一天在美麗的里奇蒙公園裡跑五公里，但用來完成訓練的時間卻被其他計畫（或拖延陋習）搶走，以至於這個計畫一直留在「沒做」那一欄。

另外，雖然你目前正在讀這本書的這個章節，但它的撰寫過程也被我算在「失手」那一欄，只因規畫謬誤一直陰魂不散。我原先以為差不多四十小時就能完成這小節，所以我安排某個星期可以分配四十小時給它。但人算不如天算，我注意力不集中，一下就超出了時間。

若你問我，我趕不上寫作期限的原因是什麼，我會跟你說：「一大堆事情！」其中一項可能是我花了二十分鐘放空，咬著我閃亮亮的新鉛筆（拜託別批判我）。但我怎麼可能預測到這種事會發生？沒有人會把「咬鉛筆」排到

一天的行程表裡，就像你通常不會把分心的狀況納入計畫中一樣。

審查過去一年的所有計畫，應該可以讓你相信，我們總是高估在日常生活中可以達成的事項——計畫再周全還是常常莫名其妙喊停。這件事也顯示出糟糕的規畫會排擠良好的意圖。由於沒有預留足夠的時間撰寫本章節，我錯過了在里奇蒙公園跟鹿群、蝴蝶和兔子一起奔跑的腦內啡快感。

藉由之前表格中所做的審查，可以一清二楚地讓你知道，你也不時陷入規畫謬誤，它會對好幾個生活領域的計畫執行產生負面影響。光知道有這種偏誤的存在或許有助於你改掉壞習慣。不過，加強顯著性可能還不夠。

更積極的做法是放大你預計要花在活動上的時間比例——假設抓1.5倍好了，如果你本來設定進行一個小時的「升級版」活動，現在就請你留一個半小時。

接著，為你最容易陷入規畫謬誤的領域調整這個比例係數。每個星期評估什麼比例能讓活動在分配時段中被完成。工作得比預期晚的日子更要特別注意，經過幾週不斷重複這樣的過程之後，你會開始更準確地預測任務完成需要的時間，以及你個人需要放大時間比例的數字，抵銷過

度樂觀，破除規畫謬誤。你甚至可能需要不同的倍數來應付不同的活動，以進一步改善行程安排。不過，根據經驗法則，1.5是個不錯的開始。

見解四：經常更新對大格局目標的承諾

「媽，我無法想像自己會喜歡這些科系⋯⋯」我惱怒地說，一邊翻著大學目錄，跳過法律、商學和牙醫系，但同時又想像自己可能會喜歡所有科系。「我怎麼可能現在就知道這輩子要做什麼？在這些領域工作會是什麼樣子我根本毫無頭緒。我搞不清楚自己的熱情在哪裡，乾脆擲硬幣來決定算了！」

期末考只剩一個月了，我還在想辦法釐清上大學要做什麼。其實不去想也沒關係，但漫長的苦讀日子要是沒有跟好的結果連結，不管在身體還是心理上要堅守讀書計畫都會難上加難。不知不覺我把這件事變得更難，直到眼光停在電腦科學系那一頁，心中馬上浮現自己創造電玩遊戲、電影繪圖和線上購物經驗的生動景象，那會有多酷啊！這樣的職業才令人興奮嘛！《李爾王》留在遙遠的記憶中就好。

接著，我大聲宣布：「我要成為電腦科學家！」

在心中保有清楚的大格局目標，將推動你每星期執行你在第二章所選擇的活動。沒有的話，要引發動機來完成必要的小步驟便不是那麼容易，因為你不知道要瞄準哪裡比較好。

在此先註明一點，我顯然沒有成為一名電腦科學家。**雖然你設定的目標應該要推動你前進，但沒必要毫無彈性地死守最終目的地**。重點在於繼續學習和磨練對「升級版的我」有用的技能，並隨著新機會到來不斷修正願景。

設定目標的效益已經由行為科學研究證實[13]，但它透過什麼機制運作？基本上，想像「升級版的我」就能讓你更接近未來的自己；去想像大格局目標就能把更長遠的眼界放在心上。這麼做提醒你抵達中期歷程的終點後會得到的未來效益，只要意識到這些未來效益，時時想起「升級版」願景，你便不會偏離正軌。

每個月撥出一點時間複習並更新你對大格局目標的承諾。

這可以跟其中一個每週規畫時段一起做，想像一下實現「升級版的我」會是什麼感覺，讓目標在心中保持明顯

的位置。你越明確地把現在的小步驟跟「升級版的我」綁在一起，就會找到越多去執行它們的目的。

雖然有個清楚的目標會讓達成的可能性高很多，但你也要避免太過專注和保守而錯失其他不錯的機會。小心落入**不注意視盲（*inattentional blindness*）**的陷阱，丹尼爾・西蒙斯（Daniel Simons）和克里斯多夫・查布利斯（Christopher Chabris）在1999年一項知名的研究當中探討了這個現象。為了說明我們專注於一件事時會忽略全世界，研究人員請來一群成年人，讓他們觀察兩個隊伍在一個臨時的籃球場互相傳球。任務很簡單：計算白衣球員傳球的次數，黑衣球員則不予理會。實驗中的受試者們紛紛興致勃勃地認真計算，不過，極度窄化的焦點造成他們一致無視穿著大猩猩裝的人走到場上搥胸的畫面。對，你沒看錯！他們看不見大猩猩！受試者的注意力太集中，導致他們都錯過了這場奇觀。

為了不要因為不注意視盲而錯過猩猩般大的機會，建議你每個月在更新目標時，花一點時間評估來到你面前的新機會，它們可能對你的計畫有關鍵作用或賦予你新經驗。

見解五：意義就是動力

「我要讀電腦科學。」一旦決定了之後，其他的意見我都聽不進去。家人、朋友甚至是被我纏著說話的陌生人都很驚訝，不懂這個決策的邏輯是什麼。當時我並不知道選擇讀這個科系的學生只有5%是女生，更不知道電腦科學的學位實際上會對應到哪些工作。老實說，我甚至在寄出入學申請表時都搞不清楚「Java」不是一種外語，就這樣註定了接下來四年的命運。

但我終於有了一個目標，雖然我不清楚讀電腦科學的詳細情形，但我的目標具有整體意義。我意識到科技正在創造對社會有用的產品並藉此形塑世界，我想要參與科技發展的過程，讓世界變得更好。這些科技會讓人類活出最好的人生，也讓教育成為容易取得的資源。

在第二章，你選了你要從事的活動，做為實現大格局目標的小步驟。由於執行這些小步驟能幫助你成為「升級版的我」，你辨識出它們的意義，這就為小步驟賦予了目的。

但你的目標是否能成就更高的目的？你正在追求的大格局目標是否符合自身的核心價值？你打算要做的工作會

為世界帶來什麼附加價值？

辨識這個附加價值能釐清現在付出努力的整體意義，讓你在能量漸失時還能保持動力。你可以開始把小步驟以及它們耗費的時間視為一個生產過程，而這個生產過程的結果是有意義的成品。當你幻想破滅時，可以提醒自己這一點。

為什麼辨識目標的意義能讓你保持正軌？有充足的證據顯示，當一個目標被辨識為有意義時，人們會更加努力地去實現它[14]，因此把「升級版的我」——你的大格局目標——視為意義非凡將大大增加你完成計畫的可能性。[15]這麼做可以提振士氣，另一個好處是找到日常活動（小步驟）的意義能增加快樂與動力[16]，減少壓力和憤世嫉俗的傾向。

那麼要如何辨識大格局目標背後的**意義**呢？首先，把注意力放在你希望「升級版的我」做的工作。[17]問問自己，你是否認為未來的職涯能夠：

・讓你感到快樂、滿足和／或自豪。
・創造正面的漣漪效應，超越你產出的立即效益，像是對社會甚至人類帶來益處。

第一項主要在評估「升級後的工作」，是否能為你個人帶來的意義，它是否讓我們感到快樂、滿足或自豪，這決絕於成長機會、尊重、情感連結、利他行為、繁榮、創造能力和地位等。第二項則是審視有關工作的外在意義，舉例而言，「升級版的我」是否有能力激勵、同理、保護、提升、雇用、照顧或教導他人。

　　花一點時間辨識「升級後的我」背後的是否具有這兩層意義，有了概念之後，想想你現在有哪個技能或正在培養的技能，可以讓你把這份有意義的工作做好。這個練習能讓你透過真實性和自我效能，來增加「升級版的我」的工作意義。要獲得真實性就要了解你擁有的技能、或正在磨練的技能，可以讓你實踐這份有意義的工作，並能直接為自己和／或他人帶來效益。要增進自我效能就要提升對這些技能的自我覺察。

　　我建議你定期重複這個練習，如此一來，你努力的意義會在整個中期歷程中皆顯而易見。

把自己的獨特技能與工作意義連結在一起，
強化內在動機以堅守你規畫的小步驟。

進行這樣的簡單心理練習，甚至能讓你更有動機去做，不怎麼有趣的日常工作。

　　找到工作意義就能增進生產力，即使是最無聊的任務也一樣，證據就在2019年一場由我和阿爾貝托・薩拉莫內（Alberto Salamone）於美國一間製造廠進行的實地實驗中。我們的研究對象是一群工人，他們做著重複性極高的任務，大部分的人（包括工人本身）都會用「無聊」來描述這些工作。

　　我們隨機找一天在他們的工作現場貼海報，凸顯當下任務的意義和重要性。每張海報都有三個部分，第一個用來認可工人本身的技能組合；第二個強調他們製造的產品具有更廣大的目的——在這個例子中，我們提醒工人，他們製造的燈能讓穿越鐵軌或開車駕駛的人更加安全；第三個則將產品效益個人化，讓他們看看這些用路人（使用者）的臉龐。

　　最終我們的研究顯示，透過這三個步驟凸顯的工作意義大幅增加了這些工人的內在動機，使他們工作時數變長、請假天數變少。在動機低落時，想像一下能從你未來的工作中獲益的人——不管是你將教導的兒童、因為你的服務讓生活變得更好的消費者、受惠於你出色領導能力的同事，還是樂見你取得工作生活平衡的家人。如果你想要全力以赴，甚至可以設計一張海報，貼在顯眼的地方！

見解六：禁得起衡量的就會成功

在1997年4月每個讀書日的尾聲，我都會把時間表從牆上拿下來，畫掉那一天確實完成的事項。距離第一場考試不到五個星期了，我注意到自己的規畫能力有顯著進步。當時我對規畫謬誤一無所知——更別說是它的名稱——但簡單的自我評估，讓這個認知陷阱的症狀再明顯不過，於是我自動為某些科目留了額外的時間，以便讀完該讀的範圍。

「升級版的我」由大格局建構而成，你選擇的活動必須成為定期從事的例行過程，否則抱負不會實現。為了讓自己好好執行這些小步驟，事前規畫很重要。此外，檢視計畫和現實落差的事後，反思將幫助你在未來規畫得更完善，並確保自己負起責任面對。

該怎麼把事後反思融入規畫中呢？你習慣在一星期的開始寫出接下來要執行的活動，這可以讓意向一清二楚。你也可以加入你希望在每個時段做到的事，例如：你打算寫一份長達一萬字的提案，可能會要求自己在星期一的晚上八點至十一點，花三個小時寫出二千字。完成之後，事後反思將告訴你實際上花了幾個小時、寫出多少字。

注意，我除了計算時間之外，也希望你計算字數做為產出的確認。為什麼？因為字數比較能代表明顯的進展，也確保真正的進度清楚可見，我們需要看見進程，才能增進表現[18]。如果你在一萬字的期待下寫了五千字，你就會明確地知道還剩一半的路要走。

　　這種監測方式也可以運用在任何情境中。舉例來說：

- 你想要為你的食物外送事業爭取新客戶？計算你寄了多少電子郵件、打了多少通電話並進行後續追蹤。拿這個數字和計畫做比較。
- 你正在處理小型企業的行政事務，像是報稅、記帳和發放薪資？設定目標時，列出完整的任務清單，每個時段處理一定的數量，做完就畫掉。

　　諸如此類……

　　整體而言，只要抱持著**禁得起衡量的就會成功**（what gets measured gtes done）的態度，你的進度就不會不至於下滑太多。

　　至於需要胡蘿蔔的人，你可以很輕易地把誘因嵌入事後反思。怎麼做？當你的產出超過計畫的一個顯著幅度

時，給予自己獎勵。舉例而言，如果你寫了一星期的提案，發現進度超前二千字，可以讓自己放假一個晚上，去做任何能帶給你立即滿足的事，既然知道一切按部就班不妨放鬆一下。

見解七：憑運氣也憑努力

大考終於來臨，我在某一科的表現特別糟：英文。

「媽，那不是我的錯。我怎麼知道《李爾王》會占考試這麼大的比重？就是運氣不好嘛。」我大喊道。

當然，這不是運氣的問題，因為大家都知道《李爾王》必考，我只是單純沒好好準備。比較不幸的可能是，如果這次考試結局跟《李爾王》一樣是個悲劇⋯⋯

在中期歷程中，一定會有一些重大的里程碑要跨越，像是面試、演講、向投資人提案以及所做工作的評價。有些會很順利、有些或許不盡人意，不管結果好壞，釐清它大部分是基於運氣還是努力，都有助於你持續進步並從中學習。

我在上一段建議你，針對日常必做事項進行事後反思──誠實面對你是否確實執行。現在我建議你，針對重

大里程碑進行事後反思，實事求是地評估你的努力是否真為成功（或失敗）的原因。

藉由事後反思找出為什麼跨越不了某個里程碑——或為什麼沒有積極把握機會——只要你願意對自己完全坦白，就能幫助你看清事實。我在學生時期就是做不到「誠實」這一點，明明知道《李爾王》對考試來說很重要，學校出過的題型也真的考出來了，但我就是不想面對。如果我誠實地進行事後反思，就會了解我表現不好並不是因為走衰運，而是不努力！那麼下一次考試，也許我就會認清該準備得更加周全。

記住，人生任何結果都是努力加上運氣的產物。

運氣和努力以變動的比例決定你的婚姻狀態、子女數目、薪資所得以及你現在賴以維生的工作。運氣難以預料，不在你的掌控之中，需要天時地利人和。我喜歡把純粹的好運（例如：中樂透）和特權帶來的優勢（例如：含著金湯匙出生）分開來看。不過，進行事後反思時，你可以把運氣和特權加在一起，因為跟運氣一樣，特權也不是你能選擇的。

經歷了大獲全勝、失敗或意料之外的契機後，應該要進行重大里程碑的事後反思。你要知道你經歷了好的結果有可能只是因為運氣好；同樣地，經歷了失敗也有可能單純是運氣不好。利用這段重大事後反思的時間，來回顧你所做的決策和努力，以及如何造成那樣的結果。把這段時間當成學習，別只顧著怨天尤人或自鳴得意。

　　你可以使用下方範本進行重大里程碑的事後反思：

重大里程碑：
結果：

決策	對的部分	錯的部分
1.		
2.		
3.		
4.		
5.		

想想上一個對你造成影響的重大里程碑。可以是學校考試、產品發表或參加面試，甚至是職場外的事件。

　　把浮現在腦海中的里程碑及最終結果記錄在表格最上方，在清算的日子來臨之前，你一定做了一連串的決策，在某種程度上決定了這個里程碑的成功與否，請將它們列出來。注意，我留了五行的空白，鼓勵你反思「**所有**」導向結果的決策。大家經常試圖把重大里程碑的成敗歸因於一或二個關鍵決策，但這麼做鮮少反應事實。盡量回想，找出至少五個決策。接著，趁這個機會寫下每個決策做對和做錯的地方。

　　這麼做對我們有什麼幫助呢？

依「決策」的品質而非「結果」的品質，來評斷進展很重要！

　　畢竟，結果由運氣和努力構成。你一定會在「對的部分」和「錯的部分」欄位注意到運氣的存在。可能你決定只練習一組題型，結果考試就出了。這是老師引導你做出的知情決策，還是你為了不要付出那麼多的努力而甘冒風險？又或許你在產品發表前只對年輕族群進行測試，但這

是一種策略嗎？還是你排除了一大部分的顧客群？

　　重大事後反思也促使你自問，里程碑結果的好壞是否出自於有意圖的行動。如果你現在飛黃騰達的原因是機遇，你無法保證未來一直有這樣的機遇。你當然可以順勢而為，但別期待之後也會一帆風順。舉例而言，如果你接到一個案子，請試著去評估你付出了多少努力才爭取到它；可能的話，也去了解新客戶為什麼喜歡你的提案。這讓你更清楚地知道應該給自己多少準備時間提高成功機率，也讓你辨別產品服務中的哪些特性贏得了新客戶的歡心、哪些又被忽略。

　　你可能會在這個過程中發現提案的不足之處，即使這個結果是好的。或許你會注意到這之中有規畫謬誤的存在，你也因此度過了好幾個無眠夜才終於趕在時限內完成；又或許你會找到競標的盲點，你無意之中不小心排除了某些服務受眾；又或許你會意識到這種提案太花時間，雖然暫時帶來收入，但長期下來其實並不划算。

　　如果你沒有爭取到案子，重大事後反思還是可以用一樣的方式進行。思考你是否真的給了提案充足的準備時間，可能的話，去了解客戶為什麼拒絕你、提案為什麼失敗。即使得不到回饋，還是可以回顧競標過程，積極地問

自己是否盡了全力。又或許有其他方面明顯影響了結果——是不是報價太貴？

有時就算你回顧了提案，還是覺得無懈可擊。在這個情況下，或許真的只是運氣不佳。但不如意時別總是怨天尤人，特別是同樣的問題可能一再發生。與其把自己的失敗怪到別人頭上，不如從經驗中汲取正面教訓，盡量從失敗的過程中蒐集資訊。利用第146頁的範本製作一份清單，列出你做的所有努力以及失手的地方。這個步驟能避免你只以成功的結果評斷自己——運氣還是占了一部分。面對失敗時，學習能帶來一線希望，幫助你堅持下去。

在歷程中，你一定會遇到許多事件需要你有意識地驅策自己事先付出時間和努力，任何事都有可能——工作面試、公開演講、文章撰寫、投資提案、外語口試、會議主持或甚至是官職競選。利用範本進行重大里程碑的事後反思一定會有所助益。

在接受挑戰前，先定義你心目中的好結果，能讓事後反思過程更順利。如果你正在標一個案子，那很容易想像，但如果是公開演講或主持會議呢？你會如何定義成功？清楚知道何謂「好的結果」能幫助你在事後進行反思，你會很確定什麼叫做「好」。

見解八：注意自己的情緒

「乾脆不要上大學算了，我受夠了！我討厭數學！」我在複習數學時抱怨道。當時我媽在隔壁房間摺衣服，她知道我在英文科的表現慘不忍睹，她不希望這場失敗引起不必要的情緒反應，進而影響長遠的未來，因此很快地打斷我自責的行為。

「葛蕾絲，今天晚上不如先休息一下？你一直都很用功讀書，應該放輕鬆、看個電影。」

在整段歷程中，你會做出幾個大決策和許多小決策。後者像是決定每天好好執行活動，前者像是決定實際活動內容和大格局目標，而你的成功將取決於這些大大小小的決策。

當時青少女的我在準備畢業考（我的活動）時，所經歷的負面經驗，很可能會造成連鎖的負面反應，危及更大的高風險目標（上大學——畢竟數學成績要好才能讀電腦科學！）。我媽知道，當情緒不穩定很容易會讓糟糕的決策發酵，因此她跳進來幫我把不上大學的重要決定，以及預期數學會考不好的情緒反應分開。她也避免提起我當下的挫敗感只是暫時性的，可能明天就會消失。

不管你正在做的決策是大還是小，
都要記得情緒扮演了很重要的角色。

　　如果你打算放棄或開始某件事，而它對你的大格局目標有重大影響，更要特別注意這一點。固定的活動做得有一搭沒一搭的時候也是，你應該要有意識地探究決策背後的情緒，有一搭沒一搭是因為害怕失敗？還是學習曲線太陡峭、太難學習，不想面對挫折？

　　你的大格局計畫充滿雄心壯志，在某些情況下你難免會覺得力有未逮，這再自然不過。如果很簡單，大家早就都達成自己設定的目標了。**接受自己當下的情緒──對失敗的恐懼、原地踏步的無力感──並知道它是暫時性的，將有助於你持之以恆。**

　　在2007年，保羅・斯洛維奇（Paul Slovic）和他的團隊闡明情緒反應會投射在表現和決策上。干擾我們的情緒分為兩類。**第一，與手邊任務息息相關的整體情緒（integral emotion）。** 舉例來說，你在面試、重要提案或公開演講活動前感受到的恐懼可能引起情緒反應而影響表現。**第二是所謂的附帶情緒（incidental emotion）**，由人生其他正在發生的事引起──像是應付討厭的同事、照顧生病的家

人或擔心個人的債務——也會影響你的表現。[19]EQ高的人比較能夠處理這兩種情緒反應，而情緒技能可以學習也值得培養。（我們會在第七章進一步討論如何建立韌性和處理情緒反應。）

現在最重要的是什麼？**進行決策時注意自己的情緒，別驟下重大決定。**

在行為科學中，當情緒影響行動叫做*情意捷思*（*affect heuristic*）。這種心和腦之間的相互作用讓你在評估「升級版的我」選項時，可能會傾向於用網美濾鏡來看待某些選項，因為你對它們有正面感受；反過來說，你也可能會不知不覺地忽略那些可能會帶來負面感受的選項。當機會出現時，不妨再次評估你的回應是否恰當，探究它是否受到情緒驅使。你的直覺或許會讓你拒絕了不熟或不合的人所提供的機會，卻把寶貴時間花在能與好相處的人共事，但無法讓你進步的任務上。

你在決定如何分配時間給大格局的小步驟時，也可能受情緒影響而做出錯誤判斷。所有步驟都是必要的，但各自帶來不同程度的樂趣。如果「升級版的我」需要兩個技能，你可能會挑簡單的來磨練，過度投資在它的小步驟上。這個決策的背後可能有情緒反應，沒有人做困難或不

愉快的事還會自我感覺良好。

那我們能怎麼做？**提醒自己，你對某個活動產生的情緒是暫時性的，只要你達到一定的熟練程度就會消失。**接著規畫自己做十次你覺得困難的活動，做完之後，再次評估不愉快的情緒是否已經隨著時間化解。

任何關鍵的人生決策，都應該用冷靜的頭腦去做。

實際上，在你被別人施加決策壓力時，應該讓自己保有時間使思緒沉澱。對某些人來說，這段時間可以用來列出眼前各種路徑的成本、效益和風險。這個過程能夠讓你的決策趨於理性，盡可能計算每個選項的優劣利弊。

對其他人來說，只要有一些緩衝時間，便足以避免做出未經思考的膝反射，對做出的選擇更加有把握。如果有人跟你求婚，這可能不是最浪漫的回應，但讓自己有時間沉澱，應該有助於你在大格局旅程中進行事後反思時對自己的決策感到滿意。

> **好用訣竅：寫日誌對決策有幫助**
>
> 　　經常寫日誌可以幫助你覺察情緒如何影響你執行活動，以及你在歷程中如何對重大機會做出反應。記住，當你感到生氣、激動、飢餓、苦惱、厭惡、害怕、興奮或產生其他強烈情緒時，千萬別做出任何會影響「升級版的我」的決策。你當然可以在有情緒的時候跟別人討論內容，但最好把真正需要決策的時間點隔開。
>
> 　　如果有人令你不快，這也是一個很好的經驗法則——別當面反應，可以透過電子郵件或電話。給自己一點時間將情緒反應拋諸腦後，等到你比較冷靜自持時再去回應。同時，別讓任何人故意激怒你！

見解九：人生不是全贏或全輸

　　在1997年的愛爾蘭，為期約一個月的畢業考於6月舉行。一開始，考試排得很密集，但到後面間隔甚至多達一星期。我有一個八天的空檔能為最後一科好好衝刺。不過，我很快就變得垂頭喪氣，注意力無法集中，拖延的陋習也改不掉。到了第三天還是進展緩慢，我對自己感到無能為力，指甲和鉛筆都被咬得破破爛爛。

「葛蕾絲，很多事不是全贏或全輸。或許有時候你應該高興你有所進展，即使目前只達成計畫中的一半。」我媽這麼勸我，她看得出來我因為化學複習進度只達成一半而沮喪不已。

我們之中有些人可能會功敗垂成，儘管你已經設定意圖要從事小步驟活動，也嘗試了好幾個星期，但最後還是沒辦法完整執行。這種情況有兩個主要原因……

第一，你可能**過度承諾，落入規畫謬誤的陷阱**：你以為自己在分配的時段能完成太多事，你可能需要檢視一下比例係數。

第二，你可能**還沒有定力**在指定的時間帶動節奏並執行活動（注意，我說的是「**還沒有**」！）。你做白日夢、泡茶、和朋友傳訊息。在社交場合只顧著跟認識多年的人聊天。什麼都做，就是不做正事。

要怎麼改變？

不妨看看**折衷效應（compromise effect）**對你是否有用處？[20] 規畫活動時，一般的做法是把一件事徹底完成之後畫掉。然而，與其以全贏或全輸的觀點來看，不如把不同工作量設定為低、中和高，再根據自己當天的狀態決定要完成哪一種。如果折衷效應產生作用，你會發現自己多

半會選擇中等的工作量。

> **好用訣竅：把折衷效應融入到日常例行公事中**
>
> 　　如何在日常活動中實際應用折衷效應？再次想像一下，你正在寫那一份一萬字的討厭提案。你可能會為星期一的工作量設定以下目標：
>
> 1. 高──在晚上八點至十一點的三小時時段寫出二千字。
> 2. 中──在晚上八點半至十點半的二小時時段寫出一千字。
> 3. 低──在晚上九點半至十點半的一小時時段寫出五百字。
>
> 　　如果星期一疲累不堪，你可能會選擇低或中的選項。不過，一旦開始做了，說不定會進入心流，最後反而完成高工作量。

見解十：把棍子加到每週規畫中

　　「媽，我好高興我這次熬了過來。如果要把菲拉（Féile）音樂祭的票送給吉莉安，我一定會失望透頂。光

是想到可能錯過音樂祭就足以讓我堅持下去，達成所有讀書目標。感謝老天，這場賭注已經結束，我不用再擔心失去這些票。」

青少女葛蕾絲脫掉鞋子，沾沾自喜地坐下來看她最愛的情境喜劇。既然當年最夯的演唱會門票已經穩穩握在手中，畢業考又已經結束，年少的我一派輕鬆，等待著成績放榜⋯⋯

你可能每週都會為下一週的活動設定目標，不過我敢說，就算你沒完成任務，除了內心會有點自責以外大概也不會有什麼嚴重後果。如果你很會把事情合理化（告訴自己一個有說服力的故事，解釋為什麼沒做到沒關係），那麼自責也無法讓你振作起來。自責還會讓你感覺很糟，形成「我失敗了」的敘事。如果你知道我在說什麼，或許是時候把棍子加到每週規畫中，做為**承諾機制**（*commitment device*）。

把棍子納入每週規畫中的意思是——如果沒有達成預期目標，就必須放棄某個有實際價值的東西。

運用「懲罰」——像是失去辛苦賺來的現金，或放棄

某個期待已久的事物——是確保你按部就班的好方法。這麼做能把沒完成活動的成本帶到今日。一個是現在失去現金、另一個只不過是錯過五年後才會實現的目標。

　　承諾機制帶來的痛苦是立即的，造成「切膚之痛」。許多有力的證據顯示承諾機制可以修正難以改變的行為[21]，對損失的預期心理會讓目標時時在心中顯現。

好用訣竅：實際運用承諾機制

方　　法：承諾如果沒完成活動就交出現金或其他有價值物品。

對　　象：對自己、朋友、家人、同事或在網路上做出承諾。

失敗後果：

　　失去你承諾的現金或有價值物品。實際上，你可以選擇捐給慈善機構，甚至是你打從心底不贊同的團體。舉例來說，如果你反槍就捐給美國全國步槍協會（National Rifle Association），反狩獵就捐給狩獵俱樂部。這可能比捐給慈善機構還有用。為什麼？因為捐錢給你討厭的團體代表你違反了自己的原則。你的「自我」會讓你避免這麼做，因為做了會有不舒服的心理成本。

線上資源：

　　如果你對承諾機制有興趣，可以上stickK.com網站創造

一份線上承諾合約，確保自己遵守意圖。在我寫作的當下，已經有將近五十萬份承諾被創造出來、將近五千萬美元被押在上面。你可以客製化你想要達成的目標（不管是找到新事業或跑馬拉松），然後決定計畫失敗要付出的金額。如果你很需要在辜負承諾時有棍子自動打下來，stickK.com可能是個不錯的選擇。

邁向目標

重新調整成本效益使其現在發生而非未來，就是確保你執行預期活動並實現大格局目標的關鍵所在。一定要記住，**時間陷阱會拖住你的腳步**。它們帶來一時的樂趣，但會偷走你投資在「升級版的我」的時間，害你損失慘重。

在本章節中，我們探索並找出你可以從哪裡找到時間從事活動，邁向「升級版的我」。思考一下這十個行為科學見解，想想你要先做哪一個。這些見解能幫助你維持正軌，在你需要動力時推你一把。

來回顧一下……

見解一：重新調整眼前的成本與效益

你為小步驟付出的時間有立即的成本，效益卻在長遠的未來。為自己設定胡蘿蔔與棍子來達成任務有助於你在當下看見長期成本與效益。

見解二：培養自我信念

花時間培養自我信念，要知道它是有可塑性的。開始進行困難任務時，記得提醒自己，你對自我能力感到不確定只是暫時現象，只要你持續從事大格局的小步驟，它就會慢慢消失。

見解三：給自己額外的時間

把你預計要花在個人任務的時間放大1.5倍，預留多一點時間給自己。

見解四：經常更新對大格局目標的承諾

定期撥出時間清楚檢視你的大格局目標，凸顯你投入在新旅程的時間所能獲得的效益，你會更按部就班地前進。

見解五：意義就是動力

辨識「升級版」工作的意義，讓它經常在心中浮現，幫助你保持動機。

見解六：禁得起衡量的就會成功

定期針對你承諾的活動進行事後反思，以便評估和辨識眼前障礙。

見解七：憑運氣也憑努力

在反思任務進行狀況及成敗時，想想這樣的結果靠運氣還是靠努力比較多。如此一來，你能更清楚地分辨是自己的決策還是無法控制的外在因素導致了結果。

見解八：注意自己的情緒

任何事關重大的決策都應該用冷靜的頭腦去做，它讓你更準確地評估長期成本、效益和風險，避免意氣用事。

見解九：人生不是全贏或全輸

將目標工作量分為高、中、低，依自己當天的狀態擇一完成。小幅進展總比沒有進展好。

見解十：把棍子加到每週規畫中

如果小的胡蘿蔔和棍子無法讓你專心一志，可以考慮運用承諾機制，它帶來更嚴厲的懲罰，像是損失金錢或其他有價值物品。

在這十個行為科學見解中，你可以先選一個看起來容易又有吸引力的來實驗。觀察這個見解如何幫助你在預計時間內完成活動。如果過了一星期沒有看到成效，直接換另一個；有效的話就繼續做，並加入第二個見解。這些見解不會互斥，你可以透過試誤法來建立完善齊全的工具，幫助你提升效率，走在成功的道路上。

我很確定只要善加運用這個策略，你就會更順利地執行規律小步驟並實現大格局目標。這一點不僅有大量行為科學研究論文支持，我自己一路走過來的親身經驗也如此證明。

我在青少年時期有媽媽在一旁督促，她不經意地利用了許多行為科學觀念來幫助我考上大學。我媽讓成就大事變得易如反掌，儘管我總是寧願今天享樂，也不想明天收穫。

即使到現在，我還是時常會想選擇享受當下，而不去思考大格局目標，該怎麼突破這種心理限制？我使用的正是我在本章節教你的方法。我從行為科學文獻中得到一般知識，再一個個套用在自己身上。一星期後，評估行為是否產生正面變化。有的話，繼續做；沒有的話，再試別的。就是這麼簡單！

我以活生生的親身經驗告訴你這麼做有效。如果對我有效，對你也不會毫無用處！

　　祝你介入順利！

在進入下一章之前，請先確定你：

- 進行時間審查，並認清困住你的時間陷阱。
- 選擇一個從明天開始運用在日常生活中的行為科學見解。

本章節提到的五個實用行為科學觀念

1. **胡蘿蔔與棍子（carrots and sticks）**：用來引起行為改變的「獎勵」（紅蘿蔔）與「懲罰」（棍子）。

2. **規畫謬誤（planning fallacy）**：人們往往低估進行一項活動需要的時間，即使已知類似活動在過去比預期的還要耗時。

3. **情意捷思（affect heuristic）**：讓人在情緒影響下很快地做出行動或決策的心理捷徑。

4. **折衷效應（compromise effect）**：決策時避免極端選擇的一種傾向。

5. **承諾機制（commitment device）**：以某物或代價做為抵押，作為推進改變未來抉擇的成本與效益。

CHAPTER 4

內在認同

我們在做重大決策或接近主要里程碑時，應該多花一點力氣找出這些從腦中冒出來的偏見。行為科學告訴我們，可以在關鍵時刻克服認知偏誤，只要察覺它們的存在，把步調慢下來，有意識地去避開。

1997年9月，我如願以償地進了大學讀電腦科學。我的家人對此大驚小怪，特別是我媽。她在超級驕傲和超級難過之間擺盪，一邊歡欣鼓舞、一邊感嘆哀怨最小的孩子要離家了。

　　由於我念的高中很少女生上大學，所以沒有人告訴我，女生通常不會選擇科學、科技或工程科系。我從未接觸過這種刻板印象，也沒去內化它。事實上，我從沒認真想過電腦科學家應該長什麼樣子，也沒注意到我心目中在矽谷的榜樣全都是男性。因此我在某個下雨的星期一早上九點去上第一堂Java程式設計課時，看見全班超過一百五十位學生當中只有不到十個女生，應該要很驚訝才對。我說「應該」，但事實上我一樣沒什麼特別的感覺。

　　缺乏對這些社會刻板印象的認知對我來說有好處，它們經常形成我們應該過什麼生活的期待，但社會刻板印象與我們的技能、能力或喜好幾乎無關。這麼說好了，女孩太常被告知她們「不喜歡」也「不擅長」電腦科學，以至於她們潛移默化地開始相信這件事，即使根本就沒有證據顯示，女孩比男孩更不適合電腦科學。

　　唉。

　　我們已經探討過人類對於立即滿足的需求，如何阻礙

你實現大格局目標。現在要來看看另外幾個可能也會害你偏離正軌的認知偏誤。

認知偏誤是思考出了差錯，
因為大腦試圖將世界簡化並快速做決策。

其中有些偏見來自於過去事件的錯誤記憶，其他則由注意力的限制造成，也就是說，我們只注意生活周遭的特定事物。

認知偏誤可能影響你的「升級版」旅程，阻礙你從事小步驟並取得進展。不管承不承認，每個人都有偏見：從小到大的經驗形塑了我們看待世界的方式。在我的成長過程中，很多女孩因為**刻板印象偏誤（stereotype bias）**而逃避科學、科技和工程。認知偏誤將形塑大格局規畫（第二章）的關鍵要素，這些偏見值得討論。但請記住，你的認知偏誤是你自己的，和別人對你的偏見不同。後者我們下一章會談，接下來會先聚焦於「**你的**」偏見。

如果你一聽到認知偏誤會成為你的阻礙就翻白眼，心想：「我才沒有偏見，我看事情很客觀。」恐怕你錯了。你會翻白眼可能正是因為**偏見盲點（bias blind spot）**！[1]

偏見盲點是我們傾向於，認為自己比他人更不受偏見影響。對有這種盲點的人來說，認知偏誤是別人的問題，自己才不會如此。更甚者，如果本書讓你對行為科學的一切大感興趣，你更有可能產生偏見盲點。隨著你認識一長串影響人們日常決策的偏見，很容易傻傻地認為它們不會發生在自己身上。小心，別落入陷阱了！

不過，如果發現偏見很容易，為什麼擺脫這些偏見卻這麼難？許多偏見由系統一，也就是快腦，在潛意識當中構成；因此我們很容易了解大家都有偏見，但要根除就沒那麼簡單了。

好消息是雖然要改造大腦去避免偏見很難，但並非不可能。我們在做重大決策或接近主要里程碑時，應該多花一點力氣找出這些從腦中冒出來的偏見。行為科學告訴我，我可以在關鍵時刻克服認知偏誤，只要察覺它們的存在，把步調慢下來，有意識地去避開。在本章節中，除了說明大格局計畫有哪些層面最容易受到認知偏誤影響之外，我還會提供行為科學見解來應對。你可以採用所有見解，或挑幾個你認為最符合需求的。我只希望你選擇了之後能夠觀察它們對你的大格局旅程是否有效益。

見解一：存在於人脈網絡和影響者的偏見

在1998年，身為電腦科學系的認真學生，我以躍躍欲試的心情面對Java程式設計課的作業。教授一開始都會先給一個概念，要我們轉化為現實。我創造了簡單的遊戲、設計了自動照明等等。為了學習必要知識，我們固定有兩個小時待在程式實驗室。我經常投入很多時間確保作業做對，第一個學期過了差不多一半時，我在某堂課的尾聲逮到機會向教授求助──程式跑不了，但我不知道哪裡出了差錯。他跟我耗了一個多小時，還是沒能找到解決方法，此時試圖打破沉默的我問了一個看似天真的問題。

「電腦科學是決定未來要創造出哪種科技的領域，女性這麼少會不會是個問題……？」語音未落，教授的臉已經變得扭曲。就在那個當下，電腦又跳出另一個錯誤訊息。

在第二章，我曾建議你踏出去認識一些可以引導你並提供新機會的人。你也列出了接下來三個月要見的三個對象（見本書第75頁）。

現在，我建議你回去看看那份名單。在每個名字的旁邊寫出以下資訊：性別、年齡、種族、出生國以及在哪裡

受教育。如果你不知道，也請盡量猜猜看。他們擁有很多類似的特質嗎？如果是的話，你可能已經落入刻板印象偏誤，對能夠幫助你進步的人有某種（錯誤）信念，造成你跟符合這種「好人」刻板印象的對象尋求互動。一些常見的刻板印象將創業精神與男性特質連結、將科技通與年輕人連結、將照護相關職業與女性連結。

你名單上的人也可能跟你很類似，寫下任何構成你大部分身分認同的顯著特質，然後拿去跟他們做比較。我和我的朋友艾瑞卡一起做了這個思想實驗。艾瑞卡三十多歲，很有抱負，在零售業爬到主管階級。結果她的名單都是跟她差不多年紀、在零售業當中階主管的女性。雖然教育程度和種族有些差異，但她們都有孩子。實際上，每一位都有兩個孩子。一起猜猜看，那她自己呢？艾瑞卡也有兩個孩子。

艾瑞卡這份名單背後的意義是她需要確認自己的觀點，那就是當一個職業母親很難——事實上，是太難——滿懷熱情地追求「升級版的我」。是的，在某種程度上，艾瑞卡說得沒錯。要兼顧工作和家庭不容易，對女性而言更是難上加難。不過，運用這種策略很難讓艾瑞卡照她所想的拓展人脈，反而會加強確認偏誤，最後成為時間陷

阱。我的意思並不是這些女性給不出好建議，而是她們和艾瑞卡的心得一定有不少重複之處，若換成更多元的選擇會更有幫助。

所謂的 **相似性偏誤（*similarity bias*）** 就是偏好身邊圍繞著跟自己相似的人，我們喜歡這些陪伴，便不斷彼此複製。這些同伴擁有與我們相似的觀點，讓我們更容易去確認自己的想法很棒──換句話說，被確認偏誤影響。雖然一群相似的人可能也會挑戰你，但挑戰的方式都大同小異。如果你的團體有權力可以雇用你，讓你做想做的事，那這樣或許也不錯。但假設你要踏上的旅程關乎個人成長，我鼓勵你再想想你都花時間跟什麼樣的人在一起或尋求建議。

> **要快速成長最簡單的方式之一，**
> **就是從擁有多元背景和人生經驗的對象身上得到回饋。**

為什麼？不同類型的思考者會給你不同類型的建議。如果你打算創業，你會只想要一種類型的顧客嗎？如果你在設計一個產品，你想過女性和男性的需求有何不同嗎？如果你在寫一篇文章，你會希望只有二十多歲的人去讀，

還是年紀大一點的人也能從中獲益？如果你在公司步步高升，你會希望只獲得一種類型的同事支持你嗎？不管你打算做什麼，都應該對所有機會抱持開放的態度。

為什麼多元團隊比較會解決問題、預測未來和發揮創意有個直觀原因[2]，成員過著不同的生活、追求不同的技能組合而且各自具備不同的知識。他們不會全都用一樣的方式思考、重複相同的點子。因此，比起只有同一種背景、技能或知識的團隊，他們能更快速地拔得頭籌。**要打擊相似性和確認偏誤，就得重新評估你選擇做為潛在影響者的對象。**有必要的話，做出一些改變，才能聽到不同於自己——以及彼此——的觀點，提高成功的可能性。

我觀察過最好的經理人總是願意雇用比他們優秀的人才，值得這麼做的原因有兩個。第一，團隊的平均生產力將有效提升；第二，有表現比你好的同事能讓你更有衝勁。然而，很多經理人不會這麼做。為什麼呢？因為「自我」（ego）讓他們想要被表現跟自己差不多或更差的人圍繞。選擇新的人脈網絡時，別中了這個自我圈套。記住，你在一個學習曲線上，為了得到你需要的專業技能，最好能多跟知識和表現都遠遠超過你的人相處。

根據許多證據顯示，**身邊的人會影響我們的表現。**亞

歷山大・馬斯（Alexandre Mas）和恩里科・莫雷蒂（Enrico Moretti）在2009年針對美國一間連鎖超市的收銀員進行了一項研究，清楚證明了人們會因為共事對象不同而改變努力程度。研究人員發現，當他們安排一名表現在平均之上的員工開啟輪班工作時，讓與他共事的其餘員工生產力也跟著增加了1%。他們也發現來到現場的高生產力員工，只會讓「看得見他」的同事增加生產力，在此定義的生產力為每秒掃描的商品數量。

想想你接觸到的榜樣和同儕。

這一點很重要，有兩個原因。

第一，你周遭的人照理來說會與你分享知識，所以最好找出能力比你強或知道的東西跟你不一樣的對象。別一心想當全場最聰明的人，真是如此的話，那代表你沒什麼進步。第二，你很有可能在不經意的狀況下，模仿周遭人的行為，而這些優秀的人將可能帶來新規範，為你培養出新習慣。[3]

馬斯和莫雷蒂對於收銀員生產力提高有個解釋，那就是社會壓力。社會壓力可以改變行為，因為它總會重新設

定新的常態。這就是為什麼把孩子放到表現較好的班級，他們的表現往往會有進步。同樣道理，加入團體也比較會敦促我們做到規律運動。這也是為什麼我們在辦公室看見同事都不急著回家，最後也會待到很晚的原因之一。

我們喜歡跟隨周遭人的腳步，但大部分的時間不會意識到這一點，還會以為是自己要這麼做的。

辨別周遭有幫助——以及**沒幫助**——的社會規範是很實用的練習。你花最多閒暇時間相處的人們之間存有什麼社會規範？你們會一起從事促進個人成長的活動嗎？還是把大部分的時間都花在電視機前面或吧檯？你們會互相支持彼此的志向嗎？還是充滿嫉妒和鬥爭？

<blockquote>
我們接觸的人，可能在不知不覺中改變我們的行為和技能。
</blockquote>

我們是周遭人影響之下的產物，會模仿身邊對象並因此養成新習慣。記住這件事並重新評估你接下來三個月要聯絡並建立關係的名單。

見解二：你挑對大格局目標了嗎？

我讀大一時，在一間女裝服飾店打工。我超愛那份工作，因為同事很棒。以前做過的其他兼職全都相形失色：肉店助手、服務生、雜貨店收銀員和私人助理。我在大一過後的暑假從兼職轉為全職，包含沒有人要做的週末和晚上時段，而此時我的其他同學都去世界各地旅遊了。那年夏天我花了很多時間進行促銷活動，布置商店討客人歡心雖然需要某種程度的專注，但也帶給我冥想式的平靜感。

某天我在店裡幫忙整理庫存時，突然有了頓悟。我發現我根本不喜歡念電腦科學系。我這輩子很少有這麼神智清明的時刻，我才驚覺自己走錯了路！

這時你可能會質疑之前擬定的大格局目標。若是如此，我要跟你碰碰拳頭，因為這些疑問確實很值得探討。畢竟，認知偏誤能夠不知不覺地影響你選擇導師，難保你的目標不會受害，事實上這非常有可能會發生。

好消息是如果你決定追求原本的目標，事後回過頭看，往往會將它視為好的選擇。這是**支持選擇偏誤**（*choice-supportive bias*）。

當我們回顧選擇時，往往認定它們是正確的。

　　我們不知道人為什麼會有支持選擇偏誤，但直覺告訴我，那是因為我們不想帶著遺憾上床睡覺——我們需要對自己的行動問心無愧。將選擇合理化能洗滌我們心中的許多過錯，如果你對你設定的目標很滿意，當然可以放手去試。不過，如果你想要再多思考一下大格局目標，看看以下偏見以及它們會怎麼影響你的選擇。

　　第一，**模糊效應（*ambiguity effect*）**。再想一遍你為什麼選擇這個特定的大格局目標。你可能只看到非常明顯的選項，而非探索比較不確定的路徑？你是否缺乏其他選項的資訊？模糊效應導致人們選擇有已知成功可能性的「升級版的我」，而非成功可能性不確定的潛在較佳選項。

　　又或者你只跟隨周遭人的腳步？你真的想做跟他們一樣的事嗎？還是屈服於**從眾效應（*bandwagon effect*）**，在個人社交圈隨波逐流而選擇類似的職業？小孩經常從事跟父母一樣的職業，或具有類似任務的工作也並非巧合。[4]但知道某人樂在他的工作中並不代表你跟著做也會如此。

　　現在有必要來檢視一下你所選目標如何運作。你每天

要面對什麼苦差事？你真的會樂於去做工作要求的活動嗎？我在倫敦政經學院遇過很多討厭讀經濟學的大學生，他們會去讀只不過是因為父母或師長告訴他們「之後可以找到好工作」。在這個例子中，「**好工作**」代表「賺很多」或「有保障」，而不是「很快樂」。在現代社會中，每個人的工作年限只會越來越長，找到能帶來樂趣的工作很重要。

另一方面，還有**抗拒偏誤（reactance bias）**。當我用批判的眼光回顧自己的工作生活選擇時，我看見它的影響在我的履歷表上無所不在。對於我們這種為了反抗而反抗的人來說，從眾效應可以換成抗拒偏誤。以我為例，當我想出一個自認為很棒的點子時，如果有好心人士告訴我，在職涯這個階段做這件事不明智，那麼抗拒偏誤就會發威。結果呢？這個幫倒忙的人試圖限制我的選擇自由，我就變本加厲地去做。這一點需要注意——抗拒偏誤會強化對另類觀點的堅持，不管相對優勢如何。抗拒偏誤很好地解釋了為什麼會有124,109人以遙遙領先的最高票數，在2016年投票將一艘英國極地研究船命名為「小舟・麥克船臉」（Boaty McBoatface）而非更「體面」、「官方」的名稱。對我們來說，它可能導致你選擇一個賭一口氣而非懷

抱熱情的目標。

見解三：損失規避

雖然我在1998年的夏天發覺自己走錯了路，不該讀電腦科學，但拖了好一段時間才終於跟媽媽說我希望找一條新的道路。這種延遲溝通來自於經典的**損失規避（loss aversion）**。

損失規避——更具體地說，想像自己會如何經歷損失——有可能讓加速旅程的對話延後發生。

舉例而言，如果你的目標是獲得升遷，並設定五年的

期限——為什麼是「五」這個數字？為什麼不是四年？三年？你能重新評估讓你設定這個期限的因素嗎？

對多數人來說，我們在職場上面對的升遷標準，用經濟學家的話來描述就是「雜訊太多」（noisy）。意指很難明確指出需要做什麼，也很難知道已經做對了什麼。標準越亂，你就會越常看見有些人比預期的還早被拔擢——有些人則晚得多。想升官就必須展現積極，你是否能堅定地站出來，取決於你的**風險規避（*risk aversion*）**程度。

對大部分的工作來說，個人風險規避的程度，不會直接影響表現（除了打擊犯罪、撲滅火災或玩股票）。因此，要是因為不確定行為後的利弊影響，導致不敢進取，因而錯失職涯晉升良機可就不好了。同樣不太好的現象還有：女性的風險規避程度通常比男性高；高學歷者風險規避程度比低學歷者低；在美國，少數族裔的風險規避程度比白人高；富人的風險規避程度則比窮人低。[5] 這段研究顯示，機會的大門是為「具備高學歷的有錢白人男性」敞開，他們的成就之所以能高出別人一截，不過是因為他們相較之下更敢冒險嘗試、放手一搏。這跟技術或能力無關——端看一個人能多自在地面對風險。

風險規避也可能影響你會應徵的工作類型，徵人廣告

通常都會列出一長串條件。事實上，評估者很難去判斷一名求職者是否符合這些條件，那麼我們怎麼知道哪些人應該過關？

　　儘管不能顯現其工作能力，但「站出來接受挑戰」就代表著應徵者的自信和風險規避程度。更妙的是，事實上職能和自信之間的相關性超級低。亞歷山大·弗洛因德（Alexander Freund）和娜汀·卡斯滕（Nadine Kasten）在2012年的一項研究中，集結了超過一百五十份自評智力（也就是某人對自己的能力多有自信）和實際智力相關性的報告，自我評估與實際能力相等的機率只有10%。

　　充滿自信、愛好風險，又敢於表現自己，難道有錯嗎？最終答案可能會讓你感到不快，因為有這些特質的人，確實更容易獲得成功；但考量到他們面對的成本與效益，這麼做最符合利益。在任何雜訊太多、條件混亂的環境中，只要敢表現就「比較」有成功的機會（或可能性）──或許很小，但確實存在。對於不怕被拒絕的人來說，他們可以兵來將擋，水來土掩，甚至更有衝勁地去包裝專業技能以符合條件。有這些特質的人，他們爭取更好機會的唯一成本便是加入競爭的時間。如果這個成本夠低，他們就樂於大方表現，畢竟他們是習慣時刻更新自己

履歷表的一群人。

那麼為什麼沒有更多人去爭取成功的可能性呢？答案是風險規避有一部分來自於損失規避。多數人對損失的感受大於收穫。此外，風險規避受**預期損失規避**（*anticipatory loss aversion*）影響，也就是**預期**被拒絕會讓自己感到多痛苦。

「預期失敗」本身就是一種負面的人生經驗。
它的影響力甚鉅，光是想到會失敗就令人退縮不前。

風險規避、損失規避和自信低落是很危險的組合，可能阻礙你前進。女性往往比男性更容易去規避損失[6]，雖然原因未知，但我有一套理論——跟約會有關。傳統上，當青少年開始約會時，大部分的時間都是由男孩鼓起勇氣邀約女孩。男孩在很早期的發展階段就習慣面對拒絕——並發現事情其實沒想像中那麼糟，這個很棒的教訓將為他們往後的人生帶來絕佳效益。

有自信又愛好風險的人，通常不會太早或太常放棄挑戰，有些組織會藉由安排定期的回饋會談來避免這一點；但許多過度自信又外向的居高位者卻認為這個制度並不理

想[7]。當然，若你是個自由工作者或創業者，還要特別設置人資部門幫你把關太過奢侈。因此，若你是內向又默默付出的人，那就一定得設法讓形勢站在你這一邊。

好用訣竅：讓形勢站在你這一邊

1. 當結果不確定時，轉念並勇於表現。提醒自己，成功的可能性確實存在，或許不高，但不會消失。
2. 別只專注於結果。把注意力放在決策過程上，這是你唯一可以掌控的部分。
3. 記住，預期失敗的感覺比失敗本身還糟。就算失敗了，你還是可以從中學到教訓。
4. 提醒自己，持續暴露在**損失規避**之下能讓你發現失敗並不如想像中痛苦。換句話說，事情會越來越容易！

見解四：了解自己的價值

當你試著做出一個高風險決策，像是決定要不要放棄讀現在這個學位時，讓自己別一頭熱去想這件事或許有幫助。儘管時至今日我不會推薦用這個活動來紓壓，但在1998年，當我左右為難時，最常做的事就是購物。

早在認識行為科學之前，我在家鄉科克（Cork）逛我最愛的百貨公司時，就意識到了**定錨（*anchoring*）**的存在。我在那裡看見了全世界最漂亮的黑色皮革手提包，我想過，要是後來我還是決定要回去念無聊的電腦科學系，這個包包一定能為我帶來很大的安慰。那年夏天我的心思反反覆覆——一下子想要做完全不同的事，一下又想要繼續念大學。而這個美麗到不行的包包，剛好可以裝得下所有課本，還有我堅持一定要隨身攜帶的筆記本，可是它價值五百英鎊（當時的愛爾蘭再過幾個月才會換成歐元）。某天，我瞥見一個牌子上寫著所有手提包都打五折，你認為「五折」會讓我覺得很划算嗎？如果包包本來就標價二百五十英鎊，我會用同樣方式看待它嗎？

　　這些問題跟存在已久的行為科學概念「定錨」有關，意指人們在決策時過度依賴既有資訊。因此以我的購物經驗為例，定價五百英鎊的包包打五折，比原價二百五十英鎊的包包來得划算，這也說明了為什麼現在會有這麼多人上網瘋搶經常釋出的快閃優惠。

　　想一想是什麼原因讓你領現在的薪水，你領的薪水符合你的價值嗎？定錨是否決定了你可以帶多少薪水回家？

> 我們過去領多少薪水，是決定我們今天有多少價值的
> 主要心理參照點。

　　想像一下，賈斯汀打算接受一份新工作，而新公司要他說明對薪資的期待。他必須好好思考一番，將他對公司的認知以及他希望達到的生活水準納入考量，甚至詢問親朋好友的建議。不過儘管如此，賈斯汀目前的薪水將會是驅使他要求任何待遇的主要因素之一。他最後要求的數字可能超過10%、20%或30%，但主要參照點仍是目前的薪水。

　　現有薪水是強而有力的錨，甚至讓我們離不開現有工作。我的朋友卡拉就是活生生的例子，她太想爭取比現有待遇好的薪水，以至於拒絕許多能夠讓她更快達到目標的機會。好吧，我可以理解。沒有人希望工資變少，但你知道有件事很好玩嗎？卡拉**討厭**她的工作，她幾乎不能睡覺或見朋友，也完全無法樂在其中。卡拉的「錨」讓她進退兩難，而且並不快樂。

　　定錨的威力也暗示著你有可能沒領到該有的薪水，你的創新產品可能賣得太便宜、顧問費可能定得太低，而且你在年度考核可能不敢談太高的加薪幅度，只因為現有薪

水定了錨。

要怎麼解決這個問題？你必須重新定錨。在某些情況下，例如你在販售一項實體產品，那很容易做，因為競爭者的價位已知。對提供服務的自由工作者來說，費用經常不公開，必須在你跟新客戶聯繫上時彼此協調決定。這代表你每接觸一個新客戶，就有機會重新定錨。不妨讓對方提出費用，看看是否比你之前索取得高；或是將你的費用提高5%，再觀察對方的反應？

如果你在大公司工作，通常各個工作類型的薪資分配是公開的，你可以很輕易地拿自己的薪水去跟同儕比較。如果薪資分配不公開，你可以從人脈圈和（膽子夠大的話）爭取外部工作機會去蒐集到這個資訊。我們在自己公司內部的評價會受其他人的認知偏誤影響。**要打破模糊或負面觀感最快的方式是得到一個顯然比目前職位好的外部工作機會。接下來呢？該和老闆談談了！**

見解五：我們為什麼不常表達需要什麼？

最後，我沒跟媽媽說我不想繼續讀電腦科學系。因為我跑去找了系上一位綽號叫「Java詹」的教授。

第二學年再過幾天就要開學，但學校走廊還是空蕩蕩。系上只有Java詹的門微微開啟。血液中流著固執DNA的我，來到他的辦公室，很肯定我就是要棄讀了。接著我敲了敲門，沒等裡面回應便直接走進去。不用浪費時間了……我還有大好人生要過。

「啊，葛蕾絲。」他向我打招呼。「暑假過得如何？」

「很好，Java詹──好到我決定不要回來讀書。這段日子我毫不想念電腦科學，不想花時間讀一個我不愛的科系。」

「愛？」他聽了之後咯咯地笑。

「任何值得學習的東西都很難，葛蕾絲。你不會時時刻刻都樂在其中。其他同學應該也不會特別想念電腦科學。放暑假就是為了這個原因：課程很緊繃。不過，你或許天生不是這塊料。」

我之前提到過，我的人生選擇經常被抗拒偏誤左右──某人說你不該做，我就更想去做。這次或許又起了作用，無論如何，Java詹的回答給我很大的刺激，本來我走進他的辦公室是為了要退出電腦科學系。

「我當然是這塊料！」我反駁。

「但它實在太無聊了，而且很難得到樂趣。我不覺得接下來三年有辦法念好。」

　　「這樣啊，其實事情並非全贏或全輸。不然你想要讀什麼？」

　　「我想要……我不知道。你能幫幫我嗎？」

　　Java詹帶我了解，我可能有什麼選項，最後我選擇在大學讀電腦科學的同時也讀經濟學。透過向外求助，我得到了需要的東西：更符合興趣的大學求學之路。

即使真的需要幫助，我們也不常求助。

　　不管是尋求建議如何放大格局，還是在職場要求應有的條件，我們常常不敢讓專業對話觸及私密的層面。我們不喜歡展現脆弱，害怕對方可能會怎麼回答，因此開口的時間越拖越久。

　　一想到要跟老闆要求升遷就怕得要命？一想到要向導師求助以加速達成目標，就讓你不敢跟對方會面？一想到要跟人資部門討論薪資定錨話題就皮皮剉？有些人擔心開口會讓自己看起來太貪婪或需索無度。

　　拿「談薪」來說好了。我聽過好多人表達他們有多愛

自己的工作、要求加薪有多不應該。還有許多中小企業主避免跟客戶談論這個話題，以防看起來死要錢。但這種看待世界的方式相當本末倒置！**我們每天去上班並產出價值，就應該得到能夠反映出這個價值的報酬**。我們的工作應該是一種互利的交易，讓雇主或客戶占便宜，以免顯得自己貪心並不是正確的想法。要接受自己應得的報酬，如果怕自己變得貪心，那就按時繳稅和捐錢給慈善機構。

又或許讓你不敢開口的不是怕自己變得貪心，而是你相信老闆在適當時機自然會讓你升官加薪。你相信他們正在密切觀察你，該是你的絕對不會少給。這個想法實際嗎？那可不一定。你可能中了**知識的詛咒（curse of knowledge）**。試著去了解一個事實：當你知道某事為真時，可能很難想像不知道它的樣子。你認為老闆跟你一樣知道你有多棒，你坐在辦公桌前工作一整天，預設經理會看見你的成效並適當調整他們的建議。

知識的詛咒也可能導致所謂的**皇冠症候群（tiara syndrome）**，也就是期待每天努力工作就能獲得回報，讓別人為你戴上皇冠。但你指望給你這個回報的人，其實也在職場上探尋自我道路。他們很忙，他們自身或許也正打算要開始放大格局。所以你必須靠自己把注意力拉到你的

價值，以及你對前進的渴望上，你有責任表達你在建議與引導上的需求。

你必須靠自己理出頭緒，並凸顯進展以得到適當的報酬。

讓別人看見你的進展和想去的地方，將為你帶來更多契機。能自己去辨識互利的機會更好：記住，向人求助時，最好理解對方的觀點。

見解六：雙向對話

在一個超過一百五十名學生的大學班級裡，要得到個人回饋並非易事。1998年的那個夏天，那場與Java詹的對話算是特例，當時我亟需為內心的拉扯（以及因為購物紓壓而暴增的卡費）尋求解決之道。到了大二，班上剩下約六十名學生——很多人留級或退學——要得到回饋便容易許多，但並非得來全不費工夫。重新確定我要繼續讀電腦科學系後，我必須抱持更積極的態度。

當時，我就跟現在一樣，對於聽別人詳細告訴我哪裡做得對，一點興趣也沒有。我偏好批判性的回饋。在某次

評量中，我設計了一個可以在百貨公司運轉的電梯使用者介面，並向一名相當神經質的助教尋求回饋。他講了二十分鐘我哪些層面執行得很正確，但我其實根本想不起來他到底說了什麼，他話語輕柔到我開始放空，並在腦中播放馬戲團音樂來度過這段時間。他最後發現到我沒在聽，問我還有沒有特定事項要討論。我的回答讓他感到困惑不解：「有，告訴我哪些部分做得很爛！」通常別人要聽好消息時才會這麼興致勃勃。但是最終他接受挑戰，接下來我們又花了更有趣的二十分鐘直搗核心。

在第三章，我強調你要定期給自己回饋，以對抗各式各樣的認知偏誤。從他人身上尋求回饋也是同樣道理。現在我把回饋視為進步的最佳機制，它讓你發現你不知道的技能強項和弱勢，以及如何運用你的比較優勢。我還是比較喜歡把時間花在批判性回饋上，但長期下來我也了解到，有必要從新鮮的眼光看看自己做對了什麼。不然你要怎麼知道自己實際上有哪些比較優勢？如果要選的話，我會讓批判性回饋占八成比例。

以推動學習並增進表現的方面來看，從他人身上尋求回饋的價值一直以來都有行為科學文獻探討。[8]如果你發覺自己有定錨、知識詛咒或皇冠症候群的問題，或是受制於

損失規避，積極尋求回饋都能有所幫助。不願追求或傾聽善意回饋的人，不該擔任與人互動或領導團隊的角色。

如果你認真地想要在中期獲得進展，尋求回饋將大大提升你達成目標的機會。為什麼？如果你從對的人身上得到回饋，他們可以凸顯出你應該採取什麼行動才能勝券在握，並反映出你現有的盲點。價值非凡。

帶著清楚目的定期尋求回饋，是你自己的責任。

要找什麼對象尋求回饋，端看你的大格局目標是什麼。如果你要待在類似的職位，但打算加速升遷，可以找公司裡的經理和主管；如果你要改善自家產品，可以找現有顧客和潛在新顧客；如果你要轉換跑道，可以找目前擁有你理想職位的對象。

最好的回饋要包含批判性的層面，指出你需要改進的地方。別期待給你這種回饋的人，會為你提供每個問題的解決方案。如果他們這麼做是你賺到，但他們的工作並非幫你解決問題。盡量別帶著情緒看待批判性回饋，根據人們個性不同，情緒可能會讓回饋過程變得多餘。這就是為什麼整合分析顯示，有超過三分之一的回饋反而會導致表

現下滑。[9]所以如果有人說你某件事做得不好，別一直把焦點放在做不好的事實——而是要專注於需要採取什麼步驟來改善。記住，情意捷思（決策受到當下情緒影響）可能決定你怎麼去聽這個回饋。如果你在過程中感受到情緒，記錄下來並在冷靜過後回頭再去思考那些話。你要假定給你回饋的人是出自於善意，盡量從他們的角度看事情。

一定要以開放的態度和夠厚的臉皮接受回饋，無論對方有多不擅言詞。不懂說話藝術的人往往評論也最為中肯。將內容抽絲剝繭很重要。不管對話進行得如何——拙劣與否——你遇到的每個人都只是一個數據點。任何批評都應該先經過額外回饋來源或客觀資料證實，再用來翻轉你的整體目標和大格局計畫。

如果你確認在回饋會談辨識到的問題為真，記得提醒自己這是可以解決的。一個人的表現並非固定特質，可以透過行為和行動來調整。無論如何，只要努力就能做出改變。

此外，在任何回饋會談都要小心**注意力偏誤**（*attentional bias*），也就是你對回饋的感知，被當下的想法扭曲。如同我們在飢餓時對麵包的味道特別敏感，你可能會把更多注意力放在擊中既有痛處的批評。記下筆記

會有幫助，也給你的導師一個暢所欲言的機會，別一開始就打斷並企圖引導對方的評論。你只需要注意他們的重心是否偏離到不必要的領域。當然，你沒有理由相信導師不會落入注意力偏誤的陷阱，但假設能給你回饋的對象不只一個，那就不會是大問題。

從多元的外部網絡得到回饋是一個大好機會，讓你辨識計畫哪裡出問題、哪裡又需要改善或捨棄。你必須避免沉沒成本謬誤──當你決定「繼續」執行一個計畫，只是因為「已經」投入了時間。就像一個學者在寫論文時，即使發現別的地方已經刊登了幾乎一樣的內容，還是繼續寫下去，那就是陷入了沉沒成本謬誤；當發明家在投注資金開發產品時，就算知道一樣的產品已經在市場上推出，他仍繼續投資生產，那就是被沉沒成本謬誤所害；自由工作者在爭取客戶時，縱使對方要求事前參與無止盡的會議，但又遲遲不發案子，依然繼續耗下去，也是被沉沒成本謬誤困住。

如果你收到的回饋讓你相信某個環節行不通，那麼是時候思考，該如何轉為利用對的環節。以上面的例子來說，學者必須想辦法讓自己的論文，比那篇先發制人的論文來得更有價值；發明家必須重新來過，並思考如何將產

品差異化；自由工作者則必須把時間用在建立和維護新的客戶關係。

記住，如果你收到的回饋告訴你某個要素毫無用處，一定要在別的地方驗證。畢竟，一個人的意見不代表多數觀點。你也要記住這些轉折需要時間，而運氣有時就是不站在你這邊。但要小心**鴕鳥效應（*ostrich effect*）**——把頭埋在沙子裡，不去面對可能對你有幫助的負面資訊。

好用訣竅：如何尋求回饋

在一開始，讓給予回饋的人有機會暢所欲言而不被打斷。可以是針對你寄出的某份文件或你做的簡短電梯簡報。

接下來，非常明確地詢問對方你哪裡做對以及哪裡需要加強——你要特別注意批判性的回饋，理想的回饋可以轉換為可行的目標。一個目標如果很容易知道達成與否便是可行的。舉例而言，「把時間管理做得好一點」很難判斷；「在某某日期之前完成專案」就很容易。

有了正面回饋，可行的目標將讓你辨識哪些小步驟應該多做一點。如果你是自由工作者，你的某項產品得到不只一次正面回饋，或許可以考慮多加把勁將它變成你的專長。如果你想成為組織裡的領袖，而你主持會議的方式得到正面回饋，或許可以想想什麼地方做對了並樹立個人風格。如果你

打算轉換跑道,而你不斷從回饋會談得知自己擁有相同的優勢,或許可以花一些時間找出正式的管道透過履歷向新雇主展示這些優勢,像是正式資歷或亮眼的工作經驗。

　　至於負面回饋,可行的目標將告訴你需要聚焦在哪些小步驟,以彌補履歷或產品的落差或不足。它同時也給你機會辨識哪些小步驟應該暫停執行,把心力集中在重點上。

　　除了以開放的態度和夠厚的臉皮接受回饋之外,你也能鼓勵給予回饋的人對你開門見山而非含糊其詞。另外,尋求回饋要及時——趁你剛經歷關鍵里程碑的成功或失敗時。熱騰騰的回饋已被證實更加有效,也更起得了作用。[10]

**尋求回饋時,最佳對象是會壯大你的抱負
並真誠幫助你跨越任何障礙的人。**

　　選擇的過程可能需要你嘗試錯誤,但如果你發現你得到思慮不周、刻薄傷人或屈尊俯就的回饋,可以不用再回頭找這個人。畢竟,時間是你最寶貴的資源,不踏入時間陷阱是合理的做法。

見解七：保全面子

　　我最後以優異的成績取得了電腦科學和經濟學雙學位。我的爸媽驕傲地站在禮堂內，用力鼓著掌看我畢業。典禮過後，我被邀請到阿姨、姨婆、鄰居，甚至幾個陌生人家中慶祝我的成就。但慶祝的氛圍很快就消失，因為我沒有立即的就業機會。

　　第一個原因是網路泡沫（dot-com bubble）破裂，電腦科學的工作職缺大量流失而非增加。以我的愛爾蘭地方大學學歷很難在市場上脫穎而出，幾乎可以說我完全失敗。

　　第二個原因是我忘了靠經濟學學位去申請所有人要我申請的「好」工作，包括公職及各大會計師事務所和銀行的畢業生培訓計畫。在這裡「好」的意思是可領退休金、收入不錯的鐵飯碗（許多愛爾蘭父母眼中的黃金組合）。

　　可是這樣的工作早在畢業之前就該申請了，就在我上臺領畢業證書之前，我就已經錯失了機會。（後來我才發現，其實大部分的職缺就算過了截止期限幾天，還是可以申請。）我非常喜歡經濟學，就像自然形成的友誼或老夫老妻的感情一樣，我對它的一切都憑直覺，沒有特別去注

意它帶來的就業選項，因此錯過了所有關鍵截止期限。

我需要在大家面前保全面子，我不想承認自己是個沒用的成年人，無法為自己負責——這代表我不願意向外求援。我糾結了整整十個星期，思考接下來該做什麼。當時我在位於科克的母校擔任副校長的臨時助理，這份工作聽起來很重要，但實際上我每個禮拜只有星期五會去上班，僅僅是用來頂替另一名彈性上班的員工。在歷任老闆中，副校長是很好的一位。他很聰明、喜歡聽笑話，還熱心地幫我擴展在大學的人脈。我透過他認識了經濟系的系主任，對方在我自怨自艾時誤觸地雷，提醒我不妨把經濟學加到大學學歷中，才不會被科技市場波動連累。

猜猜我當時有什麼反應？我聽到後開始崩潰，並坦承自己錯過了所有相關工作的截止期限。結果他不慌不忙地建議我申請附帶獎學金的經濟學碩士課程，至少這個項目目前還開放申請。

一直以來想要保全面子的心態導致我裹足不前，然而這一場臨時的會面，卻讓意想不到的貴人為我開創了道路。要是沒有這場幸運的會面，我可能會繼續為了保全面子，整天承受龐大的壓力，但實際上卻終日無所事事……最後我再度站上畢業舞臺，回報了父母的熱切期盼。儘管

我大學畢業後沒有立刻找到好工作，但我對自己選擇攻讀經濟學碩士學位的決定，感覺相當良好。當然，我們不能依賴運氣，以為在每個需要的時刻，命運會為我們帶來貴人，靠自己努力還是比較保險！

保全面子效應（*saving face effect*）常常拖累我們的個人發展，保全面子和預期損失規避容易被混淆，但我喜歡釐清它們。預期損失規避，指的是你預期會從損失感受到的害怕。舉例而言，假如沒獲得升遷，你預期自己會有什麼感受。同時，保全面子效應指的是你在經歷損失時，預期「他人」會有什麼評價。也就是假如沒獲得升遷，你預期別人對你會有什麼想法。

我們經常只因為擔心別人會怎麼想或怎麼說，就裹足不前。

以諾拉為例，她是極具創意天賦的產品開發者。她的職責是發想出點子，為公司提供給顧客的產品帶來創新和突破。儘管她的工作能力一流，但她所在的行業步調飛快，沒有人會手把手地帶她走過升遷流程。另外，諾拉長期自信心低落，同樣是因為行業步調的關係；沒有人會跟她說，她的表現一直以來有多棒。如果你在走廊隨便攔住她的同事詢問，他們幾乎會一致認同她是不可多得的人

才。然而，如果你跟諾拉談起她為什麼要保持慣性，她給的理由卻是不想失敗後，還得在咖啡廳面對同事。我沒開玩笑！

對所有人來說，公開被拒絕——在同事、朋友或家人面前被拒絕——比私底下被拒絕還要難受好幾倍。為什麼？為什麼人們婚姻破裂會擔心鄰居怎麼想？如果我們沒有順利升遷為什麼會難以面對同事？對想要減個幾公斤的人來說，為什麼會怕被別人看到我們穿著健身服裝運動而不敢出門？

我花了很長的時間才理解到，把被拒絕的重大事件告訴某個在乎你的人，其實能夠獲得安慰。我想那是因為我在求學的過程中受到了創傷，因為在學校只要有任何一件事情沒做對，老師通常就會竭盡所能地，讓你了解到你有多不應該。然而現在我有一票知己，他們會在我失敗時讓我好過一些。至於會落井下石的人，根本不需要讓他們知道。說真的，管他們去×。不想看到你勇往直前或積極嘗試的人，根本就不會真心為你加油打氣。

為了應付這些有時候就是無法避開的人，失敗時盡量低調，獲得升遷之後再讓他們知道就好。放手去爭取，只讓信任的至交了解你的計畫，知情的人數越少，保全面子

效應就越弱。

但難保每一次失敗都能保持低調，你可能需要在一群觀眾面前向投資人提案、參選或參加公開賽。又或許你真的很需要搞定的活動正是公開演講，總不能自己一個人在臥室裡對著梳子說話吧？那怎麼辦？

首先，你要放寬心知道，人們對你的注意力沒有你想的那麼多——我們在自己的心中很突出，所以經常誤以為別人也會對我們這麼強烈、頻繁地付出注意力。

這叫做**聚光燈效應（*spotlight effect*）**，這個詞由行為科學家湯瑪斯・吉洛維奇（Thomas Gilovich）創造出來。他和同事證明了即使你感到丟臉並十分確信每個人都注意到你的焦慮，事實卻並非如此。人們會自我涉入（self-involved），太關注於自己的需求，不會給你多少注意力。[11]

聚光燈沒有像你想的，那麼常照在你身上。

別對此感到失望。當你發現錯誤和失敗並不如你害怕的那麼常被注意到，就不會綁手綁腳，應該多去嘗試錯誤和失敗。

接受聚光燈效應的現實，別讓你想要在大眾面前出現的形象，阻礙你推動計畫。如果搞砸了，就像我在大學時沒及時申請工作一樣，不妨向信任的對象尋求建議，並腦力激盪出一個能幫助你前進的解決方案。

見解八：對新機會保持開放的心胸

如今我在倫敦政經學院，身邊有很多以學術為志業的夥伴，我也看過很多嚮往要來我們校園攻讀博士學位的申請表。我總是很佩服那些清楚知道自己未來要走哪一條路的人，因為我的學術之路，走得跟別人不太一樣。

取得經濟學碩士學位之後，我收到了一份都柏林聖三一學院（Trinity College Dublin）的研究員工作邀請。這份工作有幾個吸引人的地方——我能處理大量資料集以磨練資料建模技術，工時有彈性，而且自主權極高。地點恰好位於都柏林中央（無疑是一座國際大都會，小到很容易熟悉，但也大到保有一定程度的匿名性），日後也可以常去倫敦，待在合作的大學裡。那這份工作的問題在哪裡？在於薪水很低、都柏林的租金很高。在2005年8月，我不得不打電話給提供我這份工作的諾曼德教授。

「諾曼德教授，謝謝你讓我知道我成功通過了面試，」我開始說。「過去幾天我一直在考慮要不要接受這份工作邀請，但薪水實在是太低了，以現在的租金來看，我會很難在都柏林生活和工作。不知道有沒有調高的可能性？」

「葛蕾絲，我說薪水沒有轉圜餘地不是在騙妳，」他回答。「有的話我就會幫妳調高了。不過，我認為這份工作對妳來說是一個大好機會，錯過實在太可惜。雖然我無法幫妳調高薪資，但我可以讓妳在工作的同時攻讀經濟學博士，且不用付任何學費，妳意下如何？」

在這之前，我從沒想過要讀博士。

你要怎麼面對突然冒出來的機會？小心被**不作為偏誤**（*omission bias*）和**行動偏誤**（*action bias*）影響你的決策過程。

不作為偏誤和行動偏誤背道而馳[12]，不作為偏誤讓我們認為做某件事比不做帶來的傷害更大。不採取行動通常不會讓我們晚上睡不著覺，因為我們沒有承擔任何風險並維持了現狀。這是一種心理慣性，讓我們寧願站著不動。相反地，行動偏誤可以總結為一句：「不入虎穴，焉得虎子」——不管對不對，做了再說。

行為科學證據讓我相信，我們的決策會出現不作為偏誤或行動偏誤端看情境和個人。行為科學有關「後悔」的文獻，也把人們對作為和不作為的想法區別開來。**回顧過去時，人們比較會後悔沒做某件事，而非做了某件事**。[13] 這項證據可見於各式各樣的族群和情境，顯示出你的「升級版的我」會比較擔心自己陷入不作為偏誤而非行動偏誤。或換個方式說，你比較會擔心「沒做什麼事」而不是「要做什麼事」。為什麼呢？兩者不都一樣對你有害嗎？

根據心理學家沙伊‧大衛達（Shai Davidai）和湯瑪斯‧吉洛維奇（Thomas Gilovich）指出，當人們做了某件事後，感到後悔時有機會做出反應，這可能會降低事後回顧的後悔程度。[14] 但如果感到後悔卻不作為，就只能眼睜睜看著偶然出現在人生中的機會流逝。當然，你也不能什麼事都去做。考量眼前選項時，要懂得辨識好壞。記住，遇到突如其來的機會，最好用冷靜的頭腦想清楚。

想知道一件很棒的事嗎？一旦你利用了意料之外的機會，情勢將對你有利，未來你會對這個決定感到滿意。我們很會想辦法合理化自己的行動，不管是否一敗塗地——我們會去消化它，讓自己晚上睡得安穩，我們會在失敗中找到一線希望。

但站著不動、什麼都不做無法帶來希望，所以你往往還是會去做，因為這樣你才有可能在未來找到不會後悔的方法。這就是為什麼在機會突然出現時，你應該特別注意不作為偏誤。尤其是這些機會可能有望讓你加速前進，或甚至帶你走向之前想像不到的道路。不作為偏誤在別的地方也有跡可循，大家都有認識的朋友很討厭他們的工作，但從來不辭職。

還有很多人適合自己出來創業，但因為害怕失敗而不敢追求夢想。每天都有人逃避艱難的對話，不向外求助，不敢冒風險推進自己的事業，寧願什麼都不做。

你不需要一直冒險才會成功，但的確需要規律執行小步驟，現在再加上認真考慮任何新機會的決心。

見解九：擔負責任並成長

對多數有潛力的學生來說，讀博士遠比他們想的難多了，這其中也包括我。你必須要能夠表達學術意見，貢獻有創意的想法，並登上重要國際期刊。你必須要能在公開演講場合，對著一大群（常常很苛刻的）學術觀眾傳遞想法。看你讀的是什麼科系，你可能需要磨練資料科學、數

學、演繹推理、訪談、寫作、溝通、教學……等不勝枚舉的技能。

這就是為什麼我在2007年的夏天，會跑到紐約大學的大禮堂跟十幾位備受尊敬的經濟計量學教授，討論我的博士論文。我故意用「討論」這個詞是因為那天我幾乎說不出話來，結結巴巴、支支吾吾、汗流浹背、不斷忘詞……

我勇於嘗試，也冒了風險，但最後失敗了。不過重要的是，我認清了自己對於這次失敗要負起的責任，那就是我沒有認真花時間，訓練我自己的簡報技巧。

這種事難免會發生，我們不會每次都一舉成功，有時事情就是會搞砸。但搞砸時，千萬別屈服於*自利偏誤*（*self-serving bias*），也就是把正面結果歸功於自己，把失敗怪在別人頭上。**別把失敗歸咎於壞運氣或甚至陰謀詭計，提醒自己，遇到失敗是自我反省的好時機**，想想問題是不是其實出在自己身上？

但自利偏誤一定不好嗎？當你需要很快地重整旗鼓時，或許沒那麼糟。它絕對是一種將選擇在事後合理化的方式，確保你晚上睡得著覺。它同時在本質上也是一種自我保護行為，幫助我們以後需要再次跨出去時能避免不知所措的情況發生。

然而，自利偏誤的問題在於遭遇真正的失敗時（像是我那慘不忍睹的簡報），我們會錯失自我反省的機會。它也可能導致我們不去發展必要的新技能。我需要練習簡報技巧——怪不得別人。如果不去自我反省，怎麼知道下一次要怎麼進步？

自利偏誤可能影響了你在第二章決定要發展的技能和特質。你是不是選了你已經具備的技能？你有沒有自我膨脹，強調你已經擁有的價值，忽略你缺乏而且相當需要的特質？

傑佛瑞・庫奇納（Jeffrey Cucina）和他的團隊在2005年做的研究精準地闡明了這一點。他們請受試者辨識在學業上有所成就的必要個人特質。結果呢？這些學生自己的性格跟他們認為重要的性格有很大一部分是重複的。另一項由洛莉・麥克爾威（Rory McElwee）等人在2001年進行的研究得出了類似的結論。在這項研究中，他們讓受試者誤以為自己在數學或口語方面很有天分。（科學家也是會騙人的！）然後拿出一堆大學申請表，請受試者根據每個申請人適合念大學的程度來評分。結果呢？受試者根本不客觀——他們紛紛對與自己最像的申請人展現強烈偏好（別忘了，他們被科學家誤導以為自己擅長某些科目），

而非挑選最合理、優秀的候選人。

　　所以你覺得自己有沒有過度強調你已經很強的技能，忽略大格局旅程需要培養的技能？如果你不確定，可以問問新的人脈網絡。更明確地來說，問問他們「升級版的我」最需要培養什麼重要特質，把他們的回答拿去跟你自己的選擇做比較，放下你的驕傲，看看哪裡值得修正。

別讓你的自我阻擋你前進。

　　跨出去磨練「升級版的我」真正需要的技能，你在新的學習曲線上可能會遇到不好的經驗，就像我在紐約大學舌頭打結，但這都是旅程的一部分！

見解十：別忘了放鬆

　　我在2009年9月順利完成博士學位。我在星期四進行口試，星期天就出發到東南亞背包旅行。在這之前，我也已經拿到了澳洲一份終身講師工作，準備10月開始。過去我一直為了提升研究生產力而焦頭爛額，現在終於苦盡甘來。算是啦。

我耗盡了所有意志力只為了早點讀完博士，這樣才能及時抵達澳洲，遵守我已承諾的緊湊上工日。當我坐在澳洲航空的班機上，一邊喝著免費氣泡酒、一邊滿心期待泰國的新冒險時，身上穿著鬆緊運動長褲。但這不是為了坐長程飛機舒服才穿的，而是我在讀博士的最後兩個月長了兩顆結石。六個多月以來我每天操勞十四個小時，已經沒有力氣再保持健康，我的體力和活力都不堪負荷。

　　記住，你的「升級版」旅程是一場馬拉松，而非短跑。你有可能在途中不得不持續集中心力於某處，但你得小心別讓你的身心失去平衡。要注意你把精力和意志力都用在哪裡，我們的身體與精力都不是取之不竭的。

　　行為科學家把這種耗盡意志力在某個生活領域的現象稱為**自我耗損（ego depletion）**。文獻也證明提振士氣的獎勵或活動，能補償自我耗損。[15] 如果你不去注意，在某個生活領域的好行為（像是執行小步驟以達成大格局目標）就可能導致你對其他領域做出壞行為（像是忽略要吃得健康），因為你沒有力氣兩者兼顧。

　　你可以把意志力想成是需要施展的肌肉，施展後，意志力會削弱。它可以補充，但需要時間。這給我們帶來什麼教訓？找出一些能夠在你感到耗竭時，提振精神的獎勵

或活動，包括按摩、到公園走走、冥想、煮一杯熱騰騰的異國花草茶，或是一邊看你最愛的電視節目、一邊（適度）享用巧克力、酒或任何飲食。有各種獎勵可供使用總比只依賴一件事物來得好。

如果你發現自己因為把全副心力放在大格局目標，而導致別的生活領域出現不好的行為，那麼不妨採取小步驟，將其中一個獎勵排入行程，避免自我耗損。

接著讓我們來回顧一下，本章節提到的十個行為科學見解……

見解一：存在於人脈網絡和影響者的偏見

回去看看你在第二章，為了拓展人脈所列出的三個人，確保這份名單有充分的多元性。

見解二：你挑對大格局目標了嗎？

你確定你指定的終極目標能讓你從事熱愛的活動嗎？

見解三：損失規避

別讓失敗的想法阻礙你跨出去。提醒自己，成功的可能性一直都存在。

見解四：了解自己的價值

調查看看跟你有同樣工作的人都賺多少（你的市場薪資）以解決過低薪資的定錨問題，確保你領到該有的酬勞。

見解五：我們為什麼不常表達需要什麼？

別預設身邊的人都會注意到你的進步。他們很忙，你要為他們理出頭緒並凸顯進展以得到適當的報酬。

見解六：雙向對話

你要策略性地利用回饋機會。盡量練出厚臉皮，並對批判性回饋抱持開放的態度。要是得到你不認同的回饋，提醒自己，它只不過是一個數據點，花點時間透過其他來源驗證。

見解七：保全面子

避免此效應的方法是要認知到，不管你成功與否，很少人會注意到，就算注意到也會很快拋諸腦後。

見解八：對新機會保持開放的心胸

認真看待突如其來的機會。提醒自己，人們總是後悔沒去做什麼事，而非做了什麼事。

見解九：擔負責任並成長

遭遇失敗別怨天尤人。花點時間誠實地反思，是不是自己不夠努力或做出糟糕的決策才導致不好的結果。

見解十：別忘了放鬆

這是一場馬拉松，而非短跑。盡量避免自我耗損，在緊繃的專注或投入時期過後安排促進身心健康的獎勵。

別因為有這麼多偏見需要注意就感到氣餒。記住，雖然許多偏見會在無意識的情況下運作，但並非固定不變。只要利用本章節說明的行為科學見解，就能降低認知偏誤對大格局旅程的影響，讓你得以繼續前進。

祝你消除偏見順利！

在進入下一章之前，請先確定你：

- 放慢速度，並了解你所做的多數決定都受到認知偏誤和盲點影響。
- 一一詳閱這十個行為科學見解，並採用其中一些訣竅和招數，減少偏見和盲點對大格局旅程的影響。

本章節提到的五個實用行為科學觀念

1. **偏見盲點（bias blind spot）**：認為自己比他人更不受偏見影響的傾向。

2. **支持選擇偏誤（choice-supportive bias）**：當我們回顧選擇時，往往認定它們是正確的。

3. **預期損失規避（anticipatory loss aversion）**：預期被拒絕會讓自己感到痛苦。

4. **鴕鳥效應（ostrich effect）**：把頭埋在沙子裡，不去面對可能對你有幫助的負面資訊。

5. **自利偏誤（self-serving bias）**：把正面結果歸功於自己，把失敗怪在別人頭上。

外在影響

每個人都會有被偏見和盲點拖住了腳步，突破不了自我的時候。全世界都有人把好的建議丟到一邊，老是做同樣的事，卻期待會有不同的結果。然而，有時候阻礙你的不只是自己的認知偏誤和盲點。

我在2018年一場公開講座結束後遇到艾利。他沒有問一大堆我在演講時提到的偏見和其他行為科學問題，反而劈頭就開始描述他的新產品點子。

艾利熱情洋溢，具有滿滿的創業精神。他的說話速度也很快，自顧自地滔滔不絕，根本沒注意到我已經在放空。艾利十分確信這項產品符合大眾需求，我只捕捉到一些片段，像是「大家都需要！」和「家長都會愛死它！」說它有助於減重，用來增重也沒問題。簡而言之，艾利想要統治全世界。

他說個沒完沒了，我本來應該要在晚上這個時間點離開，不過不管掃視全場多少次就是遍尋不著我的外套。我越來越難把注意力放在這位不速之客的獨角戲。直到一句話闖進我的腦袋——「我會讓他們知道，他們全都錯了！」——我反射性地問：「你說的是哪些人？」

到最後我才知道艾利的故事其實很有趣，不過我在真正把注意力轉向他說的話時，才發現這一點，並把單方面演說（強迫）轉為一場雙向對話。

艾利一直在倫敦四處向天使投資人（Angel Investor）[1]推銷一個新的產品點子，這個點子有其過人之處，因為他成功約到了超過二十組非常忙碌的人士與他會面。雖然不

斷被拒絕，但他還是越挫越勇，十分令人敬佩。問題是，艾利不去聽別人給的回饋。

他從這些會面得到的回饋都差不多，對方總是說產品的點子很有創意，不過艾利太亂無章法，計畫不會成功。如果我一開始能聽到這番話，就不用浪費一個小時的人生了。

我看了看手錶，接著對他說：「艾利，自從你說要讓大家知道他們大錯特錯之後，我們已經談了快一個小時。我聽得出來你對你的事業構想具有滿腔熱誠，不過你要怎麼證明自己並非亂無章法？」

艾利被問倒了。我在這短暫的沉默中說了再見，離開現場。

我已經用過這句話：「如果每個人都告訴你此路不通，你就該認清事實。」這是我最愛的俗諺之一，也完全可以套用在艾利身上。他忽視超過二十組不同人馬說他亂無章法的珍貴回饋，被盲點蒙蔽。而且這個盲點不屬於他人，正是他自己。

這裡的關鍵要素是，這些意見並不是艾利僅從一個人，或某個單一團體所得到回饋，這些回饋者之間彼此毫無關聯。也就是說，這些雷同的寶貴建議，並不是少數幾

個人喜不喜歡艾利，或是不是在惡搞他的問題。

你以為艾利最多會在第五次，甚至第十次簡報結束得到回饋後恍然大悟；但令人遺憾的是，艾利並沒有認真看待他們的建議，從而改善缺陷，反而白白浪費了這麼多次面對未來資助者的寶貴機會。

被批評「亂無章法」其實沒那麼糟，這很容易處理，也可以把解決方案外包給別人；艾利大可找一位有條有理的合夥人，或雇用一名私人助理。因此我們可以合理推測，或許是他的「自我」形成了阻礙，即使是在我們兩人短暫的對話中，他都很明顯地需要多加強「傾聽」的能力。又或許艾利真的雜亂無章到聽不進去任何反饋，但無論是哪一種情況，他目前都因為無能為力解決問題，而坐困愁城，顯然艾利需要讀一讀第四章！

每個人都會有被偏見和盲點拖住了腳步，突破不了自我的時候。我看了太多可用的回饋被忽視的例子！一名主管特助不斷得到溝通技巧需要加強的回饋，但他卻堅持那些人只是想唱反調，因此他停滯不前。一名零售業初級經理的員工建議了一種更好的輪班制度，且對顧客不會有負面影響，但他卻拒絕傾聽，讓員工的士氣盪到谷底。一名領袖每一年都被告知他的作風讓同事不敢領教，他卻反過

來叫他的同事成熟點。一名高中畢業生得到如何選大學的建議，但他連聽都不聽。沒錯——全世界都有人把好的建議丟到一邊，老是做同樣的事，卻期待會有不同的結果。

然而，有時候阻礙你的不只是自己的認知偏誤和盲點。

別人對你的看法，可能無法在任一時刻反映你的能力、技術和天分。

別人可能對你的工作適任度或領導專案／公司的能力有著不同敘事，而這個敘事可能牽涉其他因素，無關你進行手邊任務的能力。即使**你**已經培養出敏銳的自我覺察，很清楚自己的能耐，也別預期別人對你會有相同的看法。別人怎麼看你，跟你自己怎麼看自己不一樣，他們的認知偏誤和盲點會蒙蔽他們的雙眼。

這點很重要嗎？

你在任何一個時間點都認識世界上很多人，而這些人對你的看法都不一樣。這很容易證明，想想公眾人物就知道了。以川普為例，他當美國總統這件事引發了相互矛盾的敘事。有些人把他當成超級英雄，不但將工作機會從海

外帶回國內，還挺身而出對抗全球化和體制；對其他人而言，川普是個無能的惡霸，一逮到機會就跨越界線，讓美國倒退幾十年。這些敘事雖然完全對立，卻在同一個時間點屬於不同的人。它們共同存在，且被兩方擁護者視為事實。這些敘事造成餐桌上的爭執，也導致國家分裂。

你自己試試看，想想某個你認為再完美不過的公眾人物。[2] 接著在網路搜尋「我討厭○○○」，就會看到不少人跟你持相反意見。這麼多充斥負面評論的網頁說明了，人們甚至願意付出代價——時間——發洩不滿情緒。如同我先前強調過的，時間是我們最寶貴的資源。那些人把最寶貴的資源用在告訴大家自己有多討厭你欣賞的這個人。

如果別人對你有不同的意見，你應該在意嗎？我可以很輕率地回答「不用在意」。誰理他們！你還有大格局和小步驟要顧，哪有空管別人有什麼意見？自己了解自己就好——別人看不清就算了！

但要是這個——或這些——持有偏見和盲點的人可能影響你的進展，那該怎麼辦？要是他們破壞你的計畫怎麼辦？有可能審核工作表現的人，沒有認清你的技術、能力和天分；也有可能決定要不要給你投資、演出或壓力測試（stretch assignment）的人，沒有正確評估你的才能、潛

力或價值。

　　本章節將幫助你辨識他人的行為偏見和盲點，可能會在哪些重要時刻形成阻礙。如果我遇到你，而你是一名經理、領袖或老闆，我們會談一談你應該如何改變職場架構和程序，以避免偏見影響人才發展；如果你是一名投資人，我們會討論有哪些架構和程序，能讓你擺脫他人同樣持有的偏見及盲點，確保你的投資選擇帶來最高回報。但在這個章節我將預設他人的行為，並建議你如何去應對。對那些希望世界變得更具社會責任、更公正的人來說，這樣可能還不夠，但只要你在旅程中取得真正的進展，就會有更多優勢去挑戰並改變你不喜歡或不公平的架構，讓後繼者少操一點心。現在我即將要說明的行為科學見解，會把重心放在**如何使用工具來規避他人的偏見和盲點，以更快的方式順利實現大格局。**

　　但在這之前，我們最好先花一點時間試著了解他人的行為偏見，一開始是如何產生的。如同許多毫無助益的現象，它產生的原因不只一個，也並不互斥。我們來探究一下這三大原因……

無意識偏見（unconscious bias）

　　許多人會否認他們看世界的方式充滿偏見和盲點。如果我演講時臺下的觀眾人數適中，我經常會進行一個實驗來闡明何為「無意識偏見」。

　　我會請與會者兩兩坐在一起，座位根據我事前拿到的名單隨機安排，我會告知他們，任務是以一百英鎊證明自己的談判技巧（可惜這一百英鎊是假想的！）。

　　每一組的兩個人都有指定的角色要扮演，一人當「提議者」，必須在一張紙上寫下他願意在一百英鎊當中拿出多少錢給另一個人；同時，另一個人當「回應者」，負責寫下他願意接受的最低金額。在這個情況中，提議者要盡量接近對方的最低金額以證明自己是談判大師。太低的話，達成不了協議，提議者和回應者都沒有任何收穫；太高的話，提議者將付出不必要的金錢。

　　然而，其實我是在這個過程，暗中觀察他們的反應。我不在乎誰是談判大師，而是比較想知道，誰會因為哪些顯著特質而被另眼對待，像是性別、年齡、有沒有穿正式服裝等。我想透過這個實驗了解，這些提議者會不會固定

給某些族群較少的金額？

其中某次我和四十名左右的IT人員，一起做的測試，讓我印象相當深刻。**無意識偏見（*unconscious bias*）**在這一群IT專業人員當中，可說是嶄露無遺。男性回應者平均得到較多金額，且值得注意的是，無論是男性或女性提議者，皆提供男性回應者較多的金額。除此之外，年紀較大的回應者也同樣會獲得較豐厚的金額，不管提議者年齡層為何皆是如此。還有，穿著體面的人，得到提議的金額也較高。

為什麼呢？

你可能認為你不會以貌取人，但事實上就是會。
「你不認為你會」這本身就是一種無意識偏見。

許多已發表的學術研究，以能夠得出可信統計分析的樣本數做出了相同的結論。其中一項研究聚焦於性別，有兩個不同情境。[3]

在第一個情境中，提議者和回應者看不見也聽不見彼此，因此無從得知對方的性別；在第二個情境中，回應者和提議者面對面坐著，如同我和IT專業人員做的練習一

樣，所以他們知道對方的性別，也能夠互相寒暄。

實驗最後有什麼發現？兩個情境中，提議者提供的金額，並不會受回應者的性別影響。太好了！但比較令人憂慮的是第二個結果，這個結果也跟我的發現不謀而合——儘管不知道對方的性別與否，通常能得到較多金額的還是男性回應者。第三個重大結果呢？男性回應者所得到的最高金額，經常來自於女性提議者。

這巧妙地說明了一個人可能因為自身的可見樣貌（例如：性別、種族、年齡或打扮）而被另眼相待，無關真正重要的特質：技術、能力和天分。

「那又怎樣？並沒有人會因為這些實驗，而被雇用或解雇，這並不會使我們放棄改變人生的機會。」你可能這麼想。「這些實驗的風險都很低，對吧？沒有人因此被雇用或解雇。不用放棄改變人生的機會。」但事實並非如此，這個現象其實非常有可能中斷你的大格局旅程，他人的無意識偏見應該要被我們認真看待。

在履歷實驗中，研究者將履歷投給真的在徵人的公司，上面隨機採用不同的名字。有的實驗以性別區分為主題，藉此測試男性是否比女性更容易被挑中。或以特定種族色彩的名字來投遞履歷，想藉此顯示篩選者是否會對特

定種族的候選人持有無意識偏好。

　　最具影響力的履歷研究之一由瑪麗安・貝特朗（Marianne Bertrand）和森迪爾・穆蘭納珊（Sendhil Mullainathan）進行。在2004年，他們針對一千三百個波士頓和芝加哥的職缺投了五千份履歷，隨機使用非裔美國人，或聽起來像白人的名字，測試種族是否會影響回覆率。結果呢？虛構的白人履歷獲得面試的機會高出了50%。而且，這種明顯偏好可見於各種職業、產業和不同規模的公司。

　　根據虛構履歷所做的實驗也提供了有力證據，顯示人們會歧視年紀太大的人、女人和正值生育年齡的女人。[4]

　　你可能會認為，這個實驗實在有些過氣，身處現代一定有所改進了吧？但我不完全這麼認為，因為在更近期的研究中，還是發現了不小的落差。一項發表於2019年，由牛津大學納菲爾德學院社會調查中心（Centre for Social Investigation）進行的英國研究，凸顯了這個殘酷事實。這項研究讓來自三十三個不同少數族裔的候選人，隨機申請不同的工作職缺。結果呢？白人申請者有四分之一的機率獲得面試邀約。其他種族則掉到只剩七分之一。

　　還是不相信？還有更多證據確認，人們可能會因為與

能力、技術和天分無關的理由被另眼相待。林肯·奎利安（Lincoln Quillan）等人在2017年的一份整合分析中，集結了二十四個勞動市場的實驗研究，證明了自1989年以來，非裔美國人在美國面臨的歧視並沒有減少。另一項由克勞蒂亞·高汀（Claudia Goldin）和賽西莉亞·勞斯（Cecilia Rouse）進行的著名研究顯示，美國管弦樂團在1970和1980年代採用的「盲選」增加了50%女性晉級的機率。我和大衛·約翰斯頓（David Johnston）則在2016年的研究中，提出了有力證據，驗證在經濟衰退時期，因為雇主和經理的種族歧視，導致失去工作的非白人比白人多。

在經濟蕭條時期，所有員工都更有可能依賴內團體（in-group），也就是分享資訊、機會和革命情感的小圈圈，好保護自己免於失業。內團體經常依據與技術、能力或天分無關的特質組成，對組織來說並非好事，而這些內團體往往是在無意識的狀態下，被創造出來。

代表性捷思

在本章節的一開始，我介紹了艾利這號人物，他想要

成為創業巨星，但聽不進任何回饋。他攔住我，瘋狂轟炸描述他的新產品點子有多棒，但在那之前，他搞砸了二十次對投資人的提案……（如果你不知道我在說什麼，可以翻回前幾頁看看。）

想起來了嗎？在你讀這個故事時，腦海中是否浮現了一個形象？讓我們暫停一下，請問在你心目中，這號人物是否有既定的性別、年齡和其他特質呢？

現在花點時間反思你的選擇。

你的「艾利形象」是一名男子嗎？俗話說的好：「長得像鴨，走路也像隻鴨，那麼……」[5]

其實艾利是女的！

如果我們光看一個人跟做某種工作的多數人很相似，便判斷他也從事同樣工作，那我們很可能便運用了**代表性捷思（representativeness heuristic）**。這裡所謂的「相似」指的可能是共同的性別、年齡、種族，或初次見面就能推論出來的特質，例如：外不外向，或是有沒有條理。

想一想：傑斯是個電影迷，喜歡到世界各地參加影展。他從小就愛演獨角戲娛樂親友。那麼下列哪一個關於他的敘述，比較有可能是真實的描述？

「傑斯是一家大報的影評人」還是「傑斯在銀行業工

作」？

　　就跟許多讀者會假定艾利是男人一樣，一大部分的讀者也會很自然地假定傑斯是一名影評人。

　　因為有關傑斯的描述，符合我們許多人對影評人，而非銀行家的刻板印象。事實上，傑斯有較高的可能在銀行業工作，因為銀行業的就業機會在全世界占了很大一部分，包括你所在的國家。相較之下，影評人就沒有銀行從業者那麼多，而且一大堆銀行家私底下是電影迷。

　　那麼為什麼很多讀者會假定艾利是男性？因為創業家通常是男的。[6]我沒有明說艾利的性別，但你可能根據代表性捷思做出了假設。每個人都會利用心理捷徑進行判斷和推論。在這個例子中，心理捷徑靠的是你心目中對創業家的刻板印象，來自你過去遇到創業家的經驗，或他們在電視上出現的樣子。這不成問題，因為艾利根本不會發現，而且據我所知，你也傷害不了艾利的前途。不過，代表性捷思在高風險的決策過程中仍然會是個問題，可能影響你的大格局旅程，造成別人用不相關的特質——不管你有沒有特定能力、天分或技術——來判斷你適任與否。

統計歧視

　　我在一場午餐時間的圓桌會議遇見茱莉，當時我們討論了磨練韌性的行為科學課題。茱莉事前寫了電子郵件邀我會後一起喝杯咖啡，我一直記得她提議我們邊走邊喝，可以呼吸一點新鮮空氣，也讓我順便走到下一個會場（也就是說，她特地給我方便）。結果茱莉跟我最終在倫敦政經學院的校園走了三公里，我們一路上看了幾個倫敦景點，她說她之前請了兩個月的產假，在七週前才剛回到工作崗位。對——我沒寫錯！——她只請了兩個月（英國法規有三十九週的帶薪產假）。茱莉進產房當天都還在上班，所幸生下了三千兩百公克重的健康傑克。她原本只想請四星期的假，結果因為經典的規畫謬誤，她多花了幾週復元和規律餵母乳才回去工作。後來傑克給外婆帶，茱莉則回到職場，蓄勢待發要服務客戶並為公司創造利潤。

　　但茱莉的客戶在她請假時被分配給其他同事，而她的同事在這之後並不願意交還客戶給她。這並非全然在意料之外，茱莉過去看過同樣情形。她也能了解為什麼，畢竟業績越高、薪水就越多，緊抓著好賺的客戶不放，對任何

同事都有好處。

茱莉準備好以強硬的措辭和經理談談，把客戶要回來，但沒想到碰了軟釘子。她的經理海倫提醒她，公司大部分的女同事產假都請六個月，雖然她提早復工很好，可是家庭有了新的責任，表現一定不如以往。海倫建議茱莉慢慢來，轉而擔任支持同事的角色。

茱莉成了**統計歧視**（*statistical discrimination*）的受害者，因為海倫假定公司裡其他新手媽媽的偏好，也能套用在茱莉身上；但茱莉跟其他人並不一樣。

如果我請你用五句話描述某個剛認識的人，你可能會描述他的年齡、性別和種族，以及幾項外觀特徵（邋遢或整潔、髮色、面部毛髮等等）。

> 在你看到某人的髮色和衣著裝扮的同時，統計歧視就暗示你依據所見，對其人格特質做出無意識的假定。

舉例來說，一個典型化事實是女性離開職場的時間比男性多，因為生了小孩就必須請產假，同時需要擔負更多家庭責任，所以大家會假定某位女性（好比：潔恩）應該也是如此。在英國，黑人的平均教育程度比白人低，所以

大家會錯誤地假定某個黑人（假設：法蘭克）應該沒受什麼教育。

這會造成什麼影響呢？如果潔恩的面試官做出這些假定，工作機會可能就會落到另一位男性頭上；如果一場社交聚會的參加者做出這些假定，他們可能懶得搭理法蘭克。

我在倫敦政經學院教書時，總是把統計歧視和刻板印象歧視區別開來。潔恩和法蘭克之所以被不公平地對待，前者是因為亞莉・霍希爾德（Arlie Hochschild）在1989年提出的概念「第二輪班」（second shift）[7]，後者則歸咎於英國教育體制的不平等。人們不加思索地把這些平均值套用在他們身上。

這些不平等，皆有數據可以證明。然而，錯誤的刻板印象也可能影響群體，卻沒有數據可以支持。舉例來說，人們沒來由地相信男女的數學能力有差，而這同樣毫無疑問地會影響職涯結果。一般認為男孩的數學比女孩好，但這些差距有數據支持嗎？完全沒有！

偏見依據刻板印象和統計數字形成，這些偏見會融入代表性捷思。你描繪出符合特定角色的某一類人會有的形象，即使這些形象在直覺上並不合邏輯。我們終其一生都

要面對這些偏見，許多人在邁向大格局目標的途中也會遭遇到這些情況。

那麼，有解決方法嗎？

當然有！！！

見解一：遏止無意識偏見、代表性捷思與統計歧視

我們已經討論過無意識偏見、代表性捷思與統計歧視。這三個概念在理論上可以分開來談。不過，當你面對其中一個時，可能很難去判斷元凶，只知道別人以無關能力、技術或天分的特質來評價你。這些概念並非互斥，甚至可以說統計歧視和代表性捷思是無意識偏見的兩個根本原因。

好消息是什麼？雖然你可能分不清這些概念，但規避它們的方法很類似。

首先，放大格局時，別被刻板印象和捷思創造的形象牽著鼻子走。如果你因為你的社經地位、種族、性別或其他特質而「看起來」不像擔任某個角色的典型人物，你的路途可能會比較顛簸。不過，你要記住自己成功之後可以帶來極大價值，因為我們所做的工作，往往需要直接或間

接服務他人。而我們的個人背景，可以讓我們有機會更了解與我們類似族群的需求。

想像一下，擁有高社經地位的人，真的知道如何以最適切的方式分配公共服務，照顧各種收入階層嗎？男性真的知道如何編寫、執導和製作出不論男女都能喜愛的娛樂作品嗎？來自同一個地區的零售和服務業主管，真的能了解全球品味和偏好嗎？

如果社會上對特定角色該有的樣子存在某個形象，你要提醒自己，與眾不同是一件**好事**。它讓你占據有利地位，帶來競爭優勢。多元性造就好的商業敏感度──這並不只是在講好聽話。

> 如果你和傳統上追尋同樣目標的人大不相同，
> 要記住這反而是一件好事！

還有誰比你更適合把事情搞砸？把這句話當成金玉良言，謹記第三章的課題──自我信念具有可塑性──並繼續勇往直前。

但如果你的面試官、贊助商或擁護者心目中有著同樣的既定形象──甚至更糟糕地──依此行動，你該怎麼

辦？

　　簡單（但令人沮喪萬分）的答案是：你必須比任何人都還要優秀。

　　行為科學證據顯示不符合既定形象的人可以成功，但必須比**符合**既定形象的人優秀一截。要比別人優秀好幾倍才能得到同樣機會，這種建議很難令人接受，的確非常不公平。一定還有更簡單的方法吧！不過，在我們等待世界改變的同時，是不是能先做些什麼來扭轉情勢？

　　是的，有很多事你可以做。其中最重要的是：研究。你應該研究哪些信號能連結到「升級版的我」未來要做或需要得到的工作或技能。這是什麼意思？你知道自己會把工作做得很好，但你希望雇用你、資助你或聘請你做為顧問或自由工作者的人不一定能獲得同樣的資訊。你可以透過信號把這些資訊傳遞給他們。

　　刻板印象和代表性捷思導致人們把特定類型的人和特定角色連結在一起。同樣道理，有些信號也能讓你被視為某個角色的最佳人選。這些信號包括參加特定會議及拓展特定圈子的人脈，這些都是你在短期之內可以做的事。研究看看你的大格局目標和相關重大里程碑有哪些信號，如果這個資訊不好找，問問你的新人脈網絡（見第二章），

取得越多信號越好。

讓這些信號協助你將你的技術、能力和天分一清二楚地展現在大家面前，讓這些優點顯而易見地被眾人看見。如同先前提到的，你可以透過簡明扼要的電梯簡報來做到這一點，告訴別人你有什麼能耐；也可以寫在履歷表最上方的簡短自傳、LinkedIn個人檔案或申請表／投標單顯眼處。

記住，人們對刻板印象的反應大多是無意識的，
因此投入在信號上能讓你更快被視為一個領域的專家。

見解二：不是所有建議都是平等的

某次我應邀在一個金融服務公司的活動上談回饋的行為偏見，遇見了剛做完員工發展檢討的艾米塔。各式各樣的發展檢討存在於全世界的職場中，你們許多人也會經歷到。

發展檢討的本意是好的，每隔一段時間（通常是一年），員工有機會反思哪裡做得好、哪裡做得不太好。遺憾的是，根據舉辦的人不同，發展檢討的品質也不一。艾

米塔的經驗就非常負面，我們在享用一杯紅酒和一盤濃稠藍紋乳酪的同時，好好地聊了這件事。

艾米塔被建議要改善口音問題，好讓簡報技巧更進步。她理所當然地感到沮喪，因為她的口音是構成她這個人的一部分。再說，艾米塔說話口齒清晰，我不懂為什麼有人會認為「改善口音」能幫助她更順暢的傳遞訊息。「被要求改善口音」跟「被要求講話放慢速度，讓別人好好消化訊息」或「被要求講話大聲點，不然聽不清楚」很不一樣。

我可以感同身受，因為好幾年前我也被一位教授這麼「建議」過。（你可能沒聽過我說話，我有愛爾蘭口音。）有趣的是，這位教授似乎出自於好意。我沒有感受到任何動機背後的惡意或敵意。不是要故意刁難，對方真心認為這麼做能幫助我在公開論壇闡述研究時讓觀眾聽得懂。在這個例子中，所謂「聽得懂」指的似乎是像電視或廣播上聽到的那樣。[8]

如同艾米塔，我理所當然地感到惱怒，我的口音也是構成我這個人的一部分。雖然我很樂意繼續被我居住的地方形塑，但絕對不會為了符合某個社會規範去創造另一個我，艾米塔也認為不應該如此。

我在職涯中得到但摒棄的建議還包括「更認真看待自己」和「不要那麼直接」。我喜歡直來直往和自嘲的個性，都是我天生的一部分。如果要成功，也是帶著這些人格特質成功。

　　我有許多我願意努力改變的特質——如同先前提到的，我一直持續在對抗自己的沒耐心和對立即滿足的需求。我多年來致力於提高自己的韌性，也每天加強化繁為簡的能力，讓行為科學素材變得容易理解。「改善口音」這種建議對我來說並不實用，因為做不到，也不想去做。

　　接受回饋時，你要問自己的第一個問題是：**你願意接受哪方面的回饋。清楚知道自己有哪些特質不容妥協，有助於你避開陷阱，不去從事會侵蝕真實自我的活動。**

　　有時你會得到錯誤的建議，它們來自於帶有偏見和盲點的人所建構出來的社會規範，知道自己的界限在哪裡就能忠於自我。

　　雖然我已經被問過無數次，能不能開一堂讓員工更有自信的課程，卻從來沒有被問過如何讓內向者以自在的方式參與會議，更從來沒有被問過能不能開一堂讓外向者在重要對話中，別占用那麼多時間的課程。

　　因為有競爭力的外向者，在會議中勇於發言是被社會

接受的，這種行為被視為一種模範。但如果內向是你與生俱來的特質呢？難不成你要為了融入別人，就逼迫自己改變自我核心的一部分嗎？若是你打算這麼做，聽起來真的很讓人沮喪。

所以在你敞開心胸接受回饋前，想想哪些是你真正的本質。這能幫助你過濾批評，只追尋讓你朝理想方向前進的建議。記住，千萬別拿自我換取認同。

所以當你準備接受回饋時，你該注意什麼？

我有一個大原則：

如果有人給你回饋，你應該傾聽，

因為對方花費最寶貴的資源——時間——來做這件事。

可是我有個很大的但書，如果你得到負面回饋，但不覺得自己有這樣的狀況。這的確有可能發生，每個人都有自我，也有自己的盲點，所以不妨問問第二個人的意見。第二個不夠，再問第三個。

為什麼？因為你必須搞清楚，是自己的偏見導致你聽不進合理的回饋，還是別人的行為偏見和盲點影響了他們說的話。這三個人之間最好彼此沒有關聯，也就是說，他

們應該互不相識，或至少不常交談。

接下來呢？如果這三個人意見一致，那就要把它視為**趨勢**，認真看待。我之前說過，如果每個人都告訴你此路不通，就該認清事實，是時候好好面對他們提出的問題。

要是另外兩個人持不同意見呢？那就摒棄那個負面建議。因為你得到的回饋，很可能已經被提供建議者的行為偏見和盲點蒙上了陰影。如果這個建議來自於某個能讓你學到很多東西的人，也許你能回頭再找對方請益確認——但記得要去蕪存菁。但如果唱衰你的人不請自來，狗嘴裡吐不出象牙，可以請他們用事實來證明自己的說法。若對方持續看衰你？根本不用再理會他。

你應該在乎誰的意見？願意花時間給予回饋，並讓你的大格局計畫有所長進的人。這個計畫可能包括你打算推出的產品、磨練的技能或建立的人脈。

隨著時間過去，尤其是採取了上述的「三人原則」後，你會知道這些人是誰。你經常聽取建議的人，應該有發自真心幫助你的動機。

> 每個回饋的聲量並不對等，隨著時間過去，
> 你會知道誰的回饋比較重要。

為了實現大目標，尋找能幫助你加強優勢和減少困難的回饋時，難免會顯得特別活躍積極。這麼做可能會吸引到一些以打壓別人為樂的人，這時你面對的是**高大罌粟花症候群**（***tall poppy syndrome***）——槍打出頭鳥的情況。當然，「出頭鳥」的定義很主觀，在某些圈子裡，僅僅是離開現狀就足以讓你被視為「高大罌粟花」。

高大罌粟花症候群已經被證實會影響各式各樣的群體，像是創業主、老牌企業主，以及高成就女性等。[9]所以你一定要過濾你得到的回饋，謹守三人法則。

見解三：避免被貼上錯誤的標籤

吉姆兩年前爭取升遷失敗，他對此感到有些失望。我跟他見面喝咖啡時，他正開始解除壓力，從信任的人身上得到回饋。吉姆被拒絕的主要原因是公司一名關鍵資深主管認為他不可靠，吉姆發現他跟這名資深主管唯一共事的那一天，剛好他在通勤時遇到火車罷工。他不知道等了多久，才好不容易等到從倫敦近郊開往市中心的漫長火車。

不幸的是，吉姆因為火車罷工而開會遲到的事，讓人家以為他不準時又不用心。沒有人看見吉姆在又黑又冷的

冬日早晨，苦等不知道什麼時候才會來的火車。這些人忙得要命，只注意到吉姆遲到好幾次，對他給的理由漠不關心。

你有沒有遇過關於你的敘事跟你本人搭不太起來的情況？心裡有沒有想過：「我完全無法理解，為什麼你會這樣想？」有的話，你可能成了**基本歸因謬誤**（*fundamental attribution error*）的受害者。你可以——也應該——防患於未然。

基本歸因謬誤導致我們將某個人的行為，歸因於性格而非情境。例如：吉姆的衰運（情境）被歸因於不準時又不用心（他可以控制的行為）。

或許你曾經因為身體欠佳而錯過了一次截稿期限？對仰賴你的人來說，假定你不在乎比理解你的情境來得容易。同樣地，一開始留下不好的印象可能就會毀了具有絕佳綜效的潛在工作關係。

「不好的印象」每天都無辜地發生，像是某人打斷會議、不回電子郵件或把我們排除在集思廣益的討論之外。基本歸因謬誤導致「這個人就是罪該萬死」的立即反應，而非更深思熟慮地考量，他是不是因為一時倒楣透頂而出差錯。

基本歸因謬誤比較容易發生在我們對一個人不熟識或不在乎時，因為彼此過去沒有機會深交。

此時確認偏誤就有機會發威，促使我們尋找並回想額外資訊來確認自己的特定想法。在吉姆的例子中，這代表那一位資深主管在其他同事對吉姆做出負面評價時會豎起耳朵。相反地，聽到正面觀點便置若罔聞。

根據研究顯示，基本歸因謬誤會腐化高風險決策過程。假設你正要開一間公司，預計擴張所需資金將超出個人可以負擔的範圍──你可能會研究怎麼爭取創投。除了錢以外，風險投資人也經常提供專門技術和能力給他們支持的新創事業做為競爭優勢，同時也提供信號給其他投資人：這些新創事業不但優質而且值得關注。這個信號可能帶來良性循環，讓受到支持的新創事業取得前所未有的成功機會。[10] 接著問題來了，風險投資人有多擅長在這些高風險決策中挑選他們要支持的新創企業？畢竟，他們可以成就一間公司，也可以毀掉一間公司！

喬爾・鮑姆（Joel Baum）和布萊恩・西爾弗曼（Brian Silverman）在2004年的一份論文中指出，雖然風險投資人很擅長挑選某些致勝特質，但基本歸因謬誤還是存在。具體

而言，它導致投資人高估這些新創事業的人力資本。基本上，如果他們檢視的公司遇上了好運，這會被歸因於人的因素而非天時地利。

　　基本歸因謬誤對你的大格局旅程會有什麼影響？它暗示如果你遇上了好運，這會被歸因於你——連鎖效應將使你的旅程加速前進。另一方面，這表示如果你運氣稍微差一點，那麼負面結果也可能歸因於你，而非造成衰運的隨機事件。舉例而言，想像你目前正在製造一項產品，但你的供應鏈當中有一家公司被爆料，給員工的薪水遠低於最低薪資。即使你很容易證明，你事先已經盡力做了調查。然而，顧客和投資人還是會把這些行徑，跟你的公司聯想在一起。壞運氣不但損害了你的名聲，還帶走了金錢，因為顧客和投資人不再支持你。

　　需要注意的是，基本歸因謬誤是一把雙面刃——誰知道呢？或許好運會到來，你可以趁勢讓正面形象深植人心⋯⋯

> **好用訣竅：規避基本歸因謬誤**
>
> 這並不容易，而且需要仰賴你的溝通技巧。
>
> 運氣不佳時，要去表達這個特定事件的結果是偶然，無關技術和能力。如果你很會說故事，可以用有趣的方式做結。不然就聚焦於事實，清楚表明你尊重大家的時間。倒楣事不會總落在同一個人身上，向你的利害關係人保證下一次會有更好的結果。

見解四：資訊瀑流

我最近參加了一場活動，聆聽金融界的資深人士談論如何確保未來的銀行業能廣納所有人才。與談來賓都是各行各業的領袖，他們經常在這種場合演講。

其中我特別感興趣的是，廣納人才以及確保人才只憑技術與能力便能獲得機會。我很興奮能在這裡認識優秀的前輩們，他們很多人都有辦法為自己的組織帶來改變。

在對談的一開始，前兩個人強調了自己的公司在共融方面做得有多好（可是如果你真的覺得夠好了，就不會想改變了吧？）第三個發言者強調想要被納入圈子，就必須

具備自信和拓展人脈的能力。「多參加像這樣的活動、對自己負起責任、花時間跟我們相處、我們都很願意見見你。」我很贊同「對自己負責並掌握未來命運」的說法，但責任是一條雙向道。我們不能把頭埋在沙子裡，假定競爭環境很公平；但如果你處在可以讓它變得公平的位置，那麼你就有義務這麼做。

你可能會聳聳肩，問道：「不過就是一個意見。接下來別人說了什麼……？」事實上，多虧了這位講者引起**資訊瀑流（informational cascade）**，別人也說不出什麼**其他意見**。

所謂的資訊瀑流指的是效法前者的意見或行為，不去表露自己具有真正價值的獨特想法。我們為什麼會這麼做？當我們討論的資訊讓自己所處的團體感到熟悉和正確時，我們很容易就會受到身邊人的喜愛，因為大家都在同溫層。相對的，貿然挑戰他人的想法，就容易引來不快。

第三個發言者顯然備受其他與談人敬重，開啟了一波信譽資訊瀑流。那天晚上我本來期待可以聽到一些新鮮見解，結果大失所望。整場討論並沒有反映出與會人士的學識。

在兩大情況下，資訊瀑流可能阻礙你進步。第一，你

對一群人做簡報，他們將決定你有沒有達到理想的結果，或是你表現得有多好。例如：向客戶提出專案構想、向潛在金主展現商業理念、向資深主管提議新做法，或是為一個正在被評估的作品進行辯護。如果其中一個人說了不利於你的話，其他人可能也會跟著表達負面意見。

第二，你在一場對你很重要的討論中有發言權。如果你需要展現領導潛力、創意或創新，你在會議中的表現可能影響你的大格局旅程。如果你是一間新創企業的老闆之一，小組會議經常決定產品的樣貌。基本上，我想你應該也很清楚，重大的事情往往由集體討論決定。你確定自己的意見跟別人有相同的份量，還是一個人或一種觀點主導了整場對話？

有兩件很重要的事要記得。一是影響你前進的關鍵決策，會在你在場的會議中做出，二是這些會議中的決策過程會充斥著偏見。

意外嗎？你是否假定集體決策比個人決策更能帶來好的結果？三個臭皮匠，勝過一個諸葛亮，不是嗎？如果一個人有盲點，另一個人應該不會有，如此便互相抵銷，因此你預期集體產生的結果會比個別加起來要好。

但前提是大家都能自由參與、意見都能被聆聽，大家

背後的動機都必須是為了集體而非個人。不過，實驗室和現場的實徵證據都指出情況並非總是如此。[11] 事實上，大部分的時候，會議都被**團體迷思（*groupthink*）**所影響。

團體迷思最主要的問題之一是讓人把焦點放在共享資訊——如同我在那一場對談觀察到的——好讓自我感覺良好。下一次你參加會議時，觀察看看資訊瀑流會不會發生。

在團體的情境中，談論在場所有人都很熟悉的話題，會讓我們自我感覺良好。因為大家的看法一致，所以整場對談不會有任何的不快，也不會有尷尬的停頓。

然而，這對決策有什麼影響？你可以有世界上最多元、最聰明的團隊，但要是這些人不揭露自身擁有的獨特資訊，小組討論的品質就會很差。花太多時間在小組中重複討論已經知道的事，顯然是浪費時間。專注於已知資訊或許讓我們自我感覺良好，但也僅只於此。

第二大問題是許多影響我們日常決策的認知偏誤會在團體中被「**誇大**」。我們已經看過一大堆這些偏見，包括規畫謬誤、代表性捷思、沉沒成本謬誤和界定。除了誇大這些個人偏見之外，團體迷思還會讓成員過度關注他們共有的資訊。

如果你不是主持會議的人，該怎麼破除團體迷思？如果你是參與者（而非無助地站在那裡聽回饋的人），脫口說出與當下資訊瀑流大相逕庭的意見，可能很難得到任何支持。那該怎麼辦？試試在開頭時先重述一些共享資訊，讓自己符合集體無意識不斷跳針的規矩。沒必要完全掃興，跟著別人強調某個你真心欣賞的論點。

　　接下來，把你的獨特意見放在重述資訊的最後，盡量精簡地說出。能夠基於事實和證據更好，好證明自己不是突發奇想。如果有確鑿的證據指出你的想法是對的，一定要說給大家聽。太多人在會議中只憑個人軼事和直覺發言，如此便很難被認真看待。如果你真的關心一項議題，最好做足事前功課，以鐵錚錚的事實和資料說服別人。

　　假設你事前就知道誰會參加會議，也可以將你的簡報內容個人化，符合在場人士的品味和偏好。如果你提出的點子驚世駭俗，完全脫離了共享資訊和觀點，那你有最大的機會打破團體迷思。

　　說了想說的話之後，別讓資訊瀑流照著主席的意思走，要點名某個人在你後面發言。不妨這樣說：「懇請在場其他同事針對我剛才討論的第二點賜教，像是○○○，因為……」如果要中斷資訊瀑流，一個有效訣竅是隨機點

名同事發言（而非舉手方式）。如果你不是會議主席，也無權選擇發言者的順序，還是可以點名接在你後面說話的人，表達你希望對方把討論重心放在你的獨特見解上，讓你的論點益發顯著。接下來的串接便更有可能緊扣與主題相關的資訊。

你甚至可以更進一步，告訴大家打鐵要趁熱，因此你希望會議結束後收到每個人的文字回饋。這有兩個目的。第一，讓內向者和其他在會議中不被重視的人能真正參與到你的討論，你得到的回饋會更多元；第二，如果主席同意，下一次會議再做出決策。提出逆流的新點子之後，隔一段時間再讓大家選擇「要不要接受」，便能排除情緒對決策的影響，為你的點子提供最大的成功機會。

如果你在會議中必須「當場」被評判，並且有機會給予回饋，你能改變資訊瀑流的力量比較有限，但策略是一樣的。如果是正面的資訊瀑流，那就讓它流吧。畢竟，你的目的是得到好的結果。如果評審們需要共享資訊、禮尚往來，那就配合一下。人總是需要從某件事情得到樂趣，不妨當作好運降臨，感謝老天爺。

如果資訊瀑流是負面的，你要在回答時提出新的論點，點名某一位評審在接下來發言，回應你說的話。記

住：盡可能強調事實和硬數據（hard data）。

　　但要是我們接受評判時，無法在最終決策過程中發聲，那該怎麼辦？

見解五：評判

　　我在一場大型會議中遇見亨利，那場會議的目的是把支持金融服務的律師聚集起來，我概略說明了如何運用行為科學見解，幫助團隊把工作做得更好。在現場問答時間，亨利丟了一個難題過來。他想知道，在他跟自己的團隊為了爭取新業務進行簡報時，應該要求被排在哪個順序最好。這個問題跟我演講的內容風馬牛不相干，但我還是建議他，可以的話選最後一個，只要這個順序不是剛好在午餐前。

　　過了約八星期後，亨利寫了信給我，說他試了我的方法很有效，他順利爭取到了新業務。我很快地回他，一次成功不代表每次都會成功，他應該審查接下來的其他結果。不過，亨利讓我開始感興趣地思考，當一個人進行簡報、面試、「現場」表演和面對一群評審時，什麼因素決定他成功與否。

我發現這是行為科學非常有意思的研究領域。

我們在人生許多層面都會時時刻刻受到評判……應徵工作面試時、繳交一篇文章時、對著觀眾演講時、推銷絕妙的點子時；在會議中辯論、甄選、發言時，或甚至是和同事見面喝咖啡時。在這所有的情境中，我們都被盯著看，而別人會決定我們成功與否，別人會決定我們是否能被認真看待。即使我們做了充分準備，評判的過程仍充斥著行為偏見和盲點，我們要怎麼扭轉局勢？

你正打算進行一場有競爭力的簡報以爭取資金嗎？你向評審簡報的時間或順序已被證明對結果會產生實質影響。如果每個人的表現好壞由分數來決定，越晚上場可能對你越有利。[12]

如果你遇到的情況是分數不會被正式計算，像是面試，選擇順序時有兩個效應需要特別注意。第一，**近因效應（*recency effect*）**。有些研究顯示越晚上場越有利，因為你能在評審的記憶中留下鮮明的印象。不過，與它背道而馳的是**首因效應（*primacy effect*）**——第一個上場的人能受到最正確的評斷。

如果你有驚為天人的點子，絕對要第一個上場。但如果你沒有百分之百的自信，又知道評審們將在結尾進行交

叉比較，那應該選擇最後上場。這利用了著名的**峰終定律**（**peak-end rule**），也就是一段體驗中，情緒最高峰與結束的時刻最令人難忘。如果評審記得你說過的話，你就更有可能成功，而最後一個上場確保這件事會發生！

那麼哪些順序需要避開呢？**盡量別卡在中間**，除非你確定你的簡報會是評審一整天下來的亮點。[13]

好用訣竅：峰終定律與簡報

在第三章，我們討論了情意捷思（情緒）對決策的影響。要點：情緒在決策中占有極大份量。這也代表了情緒會影響小組、觀眾或評審如何看待你。那麼在簡報時，我們該注意什麼？

1. 盡量避開評審容易發脾氣的時段，像是中午放飯前，或是很長一段時間沒有休息。
2. 在準備簡報時，要記得情緒帶來的影響。峰終定律意味著能跟評審產生情感連結的簡報者，比較能留下深刻印象。透過簡單的敘事將你的簡報連結到更大的意義，評審就更有機會對你和你的點子產生情感連結。

如果你要爭取投資或顧問任務，用一些故事來生動地描述你的產品或服務能為世界帶來什麼附加價值；如果你要爭

取一份工作，用一些故事來幫助對方充分了解你有什麼相關
工作經驗；如果你要爭取在職的延展型專案，用一些故事來
說明這項專案對你在專業上有何意義。

見解六：你在內團體裡嗎？

我在進行一連串以行為科學與文化為主題的圓桌會議
時遇見羅勃。他和妻子平均分擔照顧孩子的責任，衝勁十
足地以敏捷模式工作（agile working）。他把這個工作模式
執行得很徹底，甚至從來不曾跟同事吃午餐或喝咖啡，就
算進了辦公室，休息時間也一邊工作、一邊吃著自己做的
三明治。羅勃本人跟我描述了這些事，他在圓桌會議的第
三天特別撥空來與我及其他人共進午餐，極力強調出來吃
午餐對他來說有多難得，我應該要感到多特別。羅勃還認
為自己是天生的行為科學家，對我的研究尤感興趣，問了
我一大堆問題並認真聆聽我的回答。他甚至邀我參加每個
月一次，由他主辦的早鳥晚餐聚會。

在我參加的超好玩晚餐聚會中，我才更清楚地知道羅
勃其實深受同事喜愛，儘管他大部分的時間都不在辦公室

跟他們一起處理例行事務。這不是場面話，有好幾個同事都表示，羅勃總是在需要時協助他們，而這個作為也有所回報。即使羅勃跟內團體[14]以及其他在工作上需要配合的人並沒有太多連結，但他依然獲得了團隊中其他成員的尊重和合作默契，而這種關係通常會出現在我們認為與同事連結更強的人身上。

如果你的工作是每天都有同事圍繞在身邊，你會發現某些同事跟其他人特別要好；如果你正在讀大學，你會發現某些同學經常成群結隊去吃飯或喝咖啡；如果你租了臨時辦公空間或共享辦公桌（hot-desking），你會發現某些租戶相處得比別人融洽；如果你正在拓展人脈，你會發現某些小圈圈老是一起行動；如果你主掌一間新創公司，某些一路走過來的同伴會特別有默契。

身為人類，我們很容易形成內團體，團體成員很有可能一起參與社交場合、零散聚會和對話。

這重要嗎？

表面上，不重要。但有些人會害怕被排除在外，而我個人則是害怕太常被包括在內。不是只有我這樣，很多人

喜歡獨處，看到行事曆上一個接著一個出現的社交活動就會感到畏懼，特別是和工作扯上關係時。如果別人安排了各式各樣的活動，沒有把我包括在內，我並不會在意；我反倒希望他們更常這麼做。然而，認知偏誤無所不在，關係緊密的內團體會不會導致你被排除在攸關大格局旅程的機會之外？

簡單的答案是「會」。

無數偏見讓內團體成員傾向於照顧自己人，像是機會來臨時互相告知。**熟悉效應（familiarity effect）**確保內團體成員受到優待。**月暈效應（halo effect）**在此也會發揮作用——如果某人具有成為朋友或知己的正面特質，其他正面特質像是技術、能力和天分也會被聯想在一起。**內團體偏誤（intergroup bias）**亦導致成員對自己的團體做出更有利的評價。在不確定的時期，內團體的成員會團結一致，如果局勢變得艱難，可能會把別人冷落在一旁。

我沒有時間去理會那些惡意排擠他人加入會議和對話的內團體，對我來說，這就是派系。如果你覺得你被某個派系排擠了，最好大聲說出來。對方可能會採取防禦的態度，但排擠不管怎麼粉飾還是排擠。

惡毒的內團體和同僚型的內團體大不相同。身為人

類，我們需要建立彼此之間的連結。同僚型的內團體由一群親近的人組成，他們花時間在一起並強化關係，為了共同利益付出貢獻。在大學、共享辦公空間、人脈拓展活動或日常職場中，你都應該撥出時間加入這些團體。

為什麼？第一，接觸別人和了解他們的想法對你有好處。你能藉此成長；第二，擁有優質的社交網絡能提升你的福祉。

這件事不必是全贏或全輸，充足證據指出弱的連結——也就是當個泛泛之交而非知心好友（強的連結）——有益於你在事業上更進一步和取得機會[15]。不管是弱的還是強的連結，你在大格局旅途中都需要與同僚型的內團體建立關係。

進步意味著廣結善緣，盡量這麼做吧！

見解七：爭取小小的肯定

凱特琳的職涯路走得寸步難行，去年的努力換不到任何獎金或升遷。更糟的是，當凱特琳請求她經常共事的經理和同事幫助她獲得更多經驗，或派給她延展型任務時，

老是被拒絕。

　　凱特琳在現任職務看不到未來，於是開始著手找別的工作。我遇見她時，她正在詢問能不能上倫敦政經學院的主管級碩士班。她已經一籌莫展，希望別人對她刮目相看。在這方面，一個學位的確能釋放出你正在向上提升的信號，但要是凱特琳仍做著不被重視的工作，就算進了碩士班也很難有所斬獲。

　　通常在這樣的會面中，我們會說明整體課程架構，以及凱特琳能夠讀什麼科目，但這對她而言顯然並非正確的道路。因此，我們一起思考了在她目前的公司裡有哪些陰影和借調機會，可以讓她接觸另一組不同的同事。不到六個月，凱特琳就被調到更資深的職位。

　　我給凱特琳這個建議是因為，我發現她需要在工作上累積一些小小的肯定才能脫離瓶頸。她的現狀是四處碰壁，而借調帶來的一個好處是她之後可以受惠於**現任者效應**（*incumbent effect*）。一旦凱特琳做了更高等級的工作，便很有可能被視為足以勝任同樣資深的職位。

　　這個事件有個圓滿的結局，兩年後，我再遇到凱特琳，她已經獲得升遷──也拿到了豐厚的獎金！

　　凱特琳打破了不斷被否定的趨勢，開啟了受到肯定的

新趨勢。得到第一個肯定是突破瓶頸的關鍵，因為小小的肯定是可以累積的。能夠獲得第一、第二和第三個肯定便是你具備天分和能力的證明，尤其是當這些機會來自於三個不同的人時。

有行為科學課題能幫助你找到這些會肯定你的人嗎？有的——來探索奉承的奧祕吧！

經濟學家有時很殘忍，先釐清一下，我指的是學術界的經濟學家。經濟學系所一向以環境嚴苛出名，對女性而言更是如此（這也是為什麼女性這麼少的原因之一）[16]，奉承這件事幾乎不存在。因此當我開始和業界互動時非常驚喜，因為我得到的讚美大幅增加。我相信某些（希望是大部分）讚美發自內心，但也經常發現大概有一半都很籠統，這讓我停下來思考**巴納姆效應（Barnum effect）**是否起了作用。這個現象發生在一個人認為某些個性描述能準確地套用在自己身上，儘管實際上這些描述相當籠統。換句話說，就是無意義的奉承。沒錯，行為科學有證據顯示無意義的奉承很有用！

也就是你可以利用巴納姆效應來與他人建立融洽的關係。

怎麼做？很簡單。巴納姆效應訴諸的是自我，人類喜

歡自我感覺良好，以及能夠讓我們自我感覺良好的人，我們的自我會給讓我們舒服的人比較多的時間。克雷格‧蘭德里（Craig Landry）等人在2006年的研究中解釋了這一點，他們發現如果上門募款的人是有魅力的女性，男性受試者會捐比較多錢給慈善機構。作者們也指出，維持自我和正面自我形象的需求激發了額外的慷慨行為。

這對你來說代表什麼？有求於人時，應該要讓對方自我感覺良好。你一定有由衷的讚美可以對他們說，提升他們的自我形象並讓討論得以順利進行。一句真誠的稱讚大有幫助！但如果你的腦中一片空白，籠統的恭維也派得上用場。平常多準備幾個備用吧！巴納姆效應會確保它們發揮功效，但要注意這是一個硬幣的兩面。如果對方很熟悉巴納姆效應，你的行為可能會被視為灌迷湯或不專業的表現，真誠的讚美和互動才是上上策！

好用訣竅：請求一個機會

1. 還記得第二章有關求助的課題嗎？（見本書第73頁）同樣的道理也適用於此！把你的要求界定為雙贏，根據事實列出成本與效益。
2. 活用本章節「評判」段落的課題（見本書第248頁），以敘事將人們與你想要傳達的情緒連結。

如果你希望別人「認同」一個點子，那就要不斷地去提到它。為什麼？**曝光效應（*exposure effect*）**讓人對熟悉的事物產生好感。這個效應也證明了說服別人接受你的點子是有方法的。一個好的副作用是能迎來回饋，幫助你構思得更完善。

　　你也可以利用**承諾偏誤（*commitment bias*）**，在會議中，如果你需要得到某個人的認同，而感覺也對了，那就讓他當場給出答案。承諾偏誤就是一旦某個人公開挺你，要收回支持會很難。認知偏誤也會確保他對這個決定感覺良好，為你取得雙贏！

　　這是什麼道理呢？一旦人們下定了決心，就不喜歡去改變它，確認偏誤會起作用。新的資訊進來時，他們會忽視有可能打臉自己的資訊，只聚焦於符合原本認知的資訊。

　　如果這聽起來讓你覺得有點太過權謀，別擔心，我也這麼覺得。我比較傾向於利用**互惠偏誤（*reciprocity bias*）**——有時對我不利，但經常能得到肯定。基本上，我從一開始就會用，我希望別人對待我的方式，去對待別人，長時間下來，我發現這個傾向進一步讓泛泛之交和知心好友都樂意支持我的各種計畫，他們需要時，我也會予

以回報。這個做法和巴納姆效應不一樣，對受不了辦公室勾心鬥角、爾虞我詐的人來說簡單多了！

見解八：被否定時該怎麼辦？

　　我認識彼得時，他的會議公司正在起飛，他知道自己即將賺大錢。我們見面討論在他的活動上演講的可能性，那天早上彼得衝勁十足。他講話的速度飛快，花了很多時間描述自己是怎麼成功的，說他到現在都還不敢相信這件事。他也連珠炮似地談了他如何教導兩名稚子要有創業精神，我問他灌輸了哪些主要課題，他表示有兩個重點：一、你必須想出一個能為世界帶來價值的點子；二、就算被否定也要繼續前進。我非常贊同他的話。

　　彼得花了好幾個月的時間邀約能在事業上助他一臂之力的人士會面——以贊助商和講者為主。他失敗了很多次。就算邀約成功，他也在不少會面中遭到拒絕。但他還是勇往直前，因為他知道他的事業能帶來價值。最後，彼得獲得了肯定。不鳴則已，一鳴驚人。

你在大格局旅程中，偶爾會被不信任票阻撓。

如果你沒有常常遭遇否定、拒絕或失敗，

代表你給自己的挑戰不夠，繼續加油！

被否定時，你可能會發現明顯的不公正待遇，十分確定擋住你去路的人被行為偏見和盲點蒙蔽。該怎麼辦？

你有兩大選項。第一，和拒絕你的人談談。表達你對他們的決定感到失望，請對方再評估一下你的點子所能帶來的價值。如同我們在第二章討論過的，人類行為有個奇怪的地方，**你向外求助時，不太可能會被同一個人拒絕兩次。我們不敢試第二次的原因經常是保全面子效應。**考慮看看把面子放一邊，直接和對方進行對話，或許尚有轉圜餘地。

第二，修改自己的點子，把你得到的所有回饋都納入考量。完成之後，再試一遍。行不通的話，找找看有沒有不同的人可以為你敞開大門。要是遇到對方有行為偏見和盲點，切記這世界上還有更多的人不會帶給你這種困擾。你不需要完全依賴一個人或是一個團體才能前進。你可能得做點功課找出下一個要聯繫的對象，但千萬別吃同樣的閉門羹。畢竟，一直做同樣的事卻期待會有不同的結果並

不明智。

　　把你的大格局旅程想成是在玩蛇梯棋（snakes and ladders），「否定」就像是從蛇頭下滑到蛇尾，害你往後退。但如果你堅持下去，就會找到梯子彌補損失。不管是現在還是未來，你都會遇到蛇，**不過**數量會越來越少。梯子會比以往來的多，而且一旦成功了，梯子就會更常出現，只要你記得把你得到的幫助傳遞下去。你必須規律執行小步驟，找出現在可以用的梯子，就算滑到蛇尾也要繼續前進。

見解九：請為他人盡一份力

　　我在公司行號做過很多場演講。一開始我幾乎都受邀去講有關性別行為差距的主題。有一點讓我覺得很有趣：大部分來聽演講的都是女性。實際上，我會說超過95%都是女性。

　　這很重要嗎？是的。

　　我們應該要在乎別人經歷的偏見，這些偏見會產生是因為我們以無關能力、技術和天分的特質去評判他人。沒有人喜歡被別人用充滿偏見和盲點的眼光看待，因此當你

關注自己的旅程並避免被他人偏見影響時，也要關注同事和友人是否在不同場域遇到了類似的問題，盡量讓競爭環境變得公平。

我們能做什麼？

世界各地都有企業、大學和公家機關基於性別、種族、族群、LGBTQ+傾向 [17] 等等建立親近團體。這些團體是分享共同經驗和凸顯重要議題的絕佳平臺，如果經營得當，還能提供充滿**心理安全感（*psychological safety*）**的空間。心理安全感意味著人們在一個環境中知道自己可以直言不諱，不用害怕受到懲罰或羞辱。

但很重要的是，如果有公開活動，其他不被視為團體一份子的人也能出現。為什麼？如果我們只出現在自己所屬的團體中，一定會有贏家和輸家，以無關能力、技術和天分的特質給予獎勵的不平等體制就會繼續存在。即使無利可圖，我們也應該支持其他領域的改變。如果有足夠的人願意花時間了解其他團體正在面臨什麼掙扎，那麼真正的改變就會發生。

當一定數量的人都在做同樣的事，
並達到引爆點時，改變就會發生。

引爆點（*tipping point*）是一個行為科學術語，代表小改變多到足以帶來大變革。重點在於互相傾聽，試著設身處地為他人著想。如同你在中期旅程會需要得到幫助、啟蒙、機會和一些肯定，途中遇到別人**向你**求助時也應該給予一些肯定。我很確定你將從這樣的經驗中獲得學習！

見解十：保持聯繫

知道自己一路上需要對抗這麼多外部偏見，可能會讓你有些洩氣。你可能早就發現其他人的偏見正在阻礙你前進，也可能到現在才恍然大悟。無論如何，**停下來想想看是別人阻礙你比較多，還是你自我設限比較多**。對我而言，我知道自己的偏見占八成、他人的偏見占二成。你覺得你的比例是多少？這個練習應該能幫助你認清一大部分的旅程其實都在自己的掌握之中。

在本章節中，我談了幾個你在大格局旅程會遇到的他人偏見和盲點，我希望你能把這些見解也應用於我沒有特別提及的情況。但要是它們沒有產生任何作用，你在既有的人脈網絡中也找不到答案，我很樂意提供協助。你可以透過本書最後面的資訊與我聯繫，讓我幫助你前進。最重

要的是，別在邁向「升級版的我」的途中蹉跎太久。

如何杜絕他人的偏見和盲點？

　　學會如何規避他人的偏見和盲點有助於你走在平緩的道路上。還記得那位不願傾聽回饋的創業家艾利嗎？我在2018年遇見她時，她對自己的亂無章法視而不見，因此停滯不前。不過，如同我說明過的，艾利也絕對會遭遇他人的偏見。由於女性創業家比男性創業家少很多，因此在他人眼裡，艾利就會是位「看起來不像」會擔任這個角色的人。而她也需要注意這一點，別讓「不適任」的錯誤印象拖住了腳步。

　　本章節提供的十個行為科學見解能幫助艾利，這些見解也能在你遭遇他人偏見時派上用場。我鼓勵你從頭到尾讀完這個章節，每個見解都跟你可能在旅程中遇到的他人偏見和盲點息息相關。你可以在需要的時候回頭複習這些見解，但我希望你永遠都不會有這種需要！

　　來回顧一下……

見解一：遏止無意識偏見、代表性捷思與統計歧視

釋放出信號，讓自己被視為某個角色的最佳人選。研究這些信號是什麼，能取得越多越好。

見解二：不是所有建議都是平等的

如果回饋並不真實，採取「三人原則」看看他們是否意見一致。

見解三：避免被貼上錯誤的標籤

基本歸因謬誤讓他人把你的壞運氣當成你的一部分。磨練自己的溝通技巧，確保關鍵利害關係人了解你遇到挫折的真正內情。

見解四：資訊瀑流

當一群人把焦點放在他們已經知道的事情時，就會產生資訊瀑流。如果你要提出不同觀點，記得先重述共享資訊，確保自己的話被聽進去，並特別強調能夠支持論點的資料。

見解五：評判

如果你必須接受陌生人的評判，**最好選擇最後一個上場**。利用敘事將你的想法所能帶來的效益與真實世界連結在一起，盡量讓簡報有好的結尾以利用峰終定律。

見解六：你在內團體裡嗎？

在大格局旅程中建立關係很重要。不必是全贏或全輸。你可以花時間與值得學習的對象建立弱連結並從互惠中獲益。

見解七：爭取小小的肯定

用真心的讚美讓他人自我感覺良好有助於你獲得肯定；要經常談論你的點子，因為曝光效應會使其更有可能被採用。

見解八：被否定時該怎麼辦？

被否定時，提醒自己失敗為成功之母。你可以選擇爭取轉圜餘地、採納你得到的回饋或找新的對象再次嘗試。最重要的是永不放棄。

見解九：請為他人盡一份力

關注同事和友人的競爭環境是否公平。當一定數量的人都在做同樣的事並達到引爆點時，改變就會發生。每個人都有同樣的精神就能讓我們建立更正面的現狀。讓自己成為其中一份力量吧。

見解十：保持聯繫

　　如果你發現本章節完全無法幫助你處理眼前的行為偏見或盲點，寫個電子郵件給我，我們可以一起想辦法。

　　如果你在大格局旅程中遇到他人持有偏見和盲點，或是在跨越重大里程碑時需要與他人互動，記得把這十個見解放在心中。只要你謹守這項策略，路途便能走得更平順。

　　祝你規避偏見順利！

在進入下一章之前，請先確定你：

- 一一詳閱這十個行為科學見解。
- 花點時間預測你在什麼情況下會需要這些見解，在日記中設定提醒，當事件即將發生時便能喚起記憶。

本章節提到的五個實用行為科學觀念

1. **無意識偏見（unconscious biases）**：根深蒂固的習得刻板印象，透過系統一影響決策。

2. **高大罌粟花症候群（tall poppy syndrome）**：槍打出頭鳥的傾向。

3. **基本歸因謬誤（fundamental attribution error）**：導致我們將某個人的行為歸因於性格而非情境。

4. **資訊瀑流（informational cascade）**：某些人在會議中接連重複同樣論點的現象。

5. **峰終定律（peak-end rule）**：意味著人們會根據最高峰（最強烈）與結尾的感受去評判一段體驗。

環境

你要針對自身所處的環境做出決策,改變環境的好處是,只要進行一次結構性改變,接下來幾年便能持續從中獲益。適當地調整環境,就能幫助你把任務做得又快又好。你會去蕪存菁,最終留下一組對你而言最能發揮功效的見解!

「今天真是糟透了。」我喃喃自語，把鑰匙放在前門。那是2020年1月的某一天，我從早上起床到踏進家門都烏煙瘴氣。事實上，我整天都在幫忙收爛攤子，過程中還一直不斷有人要扯後腿。累死了，回家真好。

每一天，我都覺得自己很幸運，能在一個讓我感到快樂、健康和安全的環境裡紓解壓力。不管是泡個熱水澡、窩在椅子讀小說或是和我的鬥牛犬凱西一起躺在沙發上，即使是最糟的日子都有獨處的時光足以洗滌一身疲憊。每天早上起床我都要提醒自己，晚上回家就可以放鬆了，接著就有力氣面對接下來的難關（或爛攤子）。

找一個空間——並標記一些時間——
休息和放鬆不可或缺。

可能是整間屋子（如果你一個人住）、你的臥室（如果你跟人分租）或家裡某個角落（如果你有一群小小孩）。**無論有意或無意，周遭環境都會以各種方式影響我們的行為，包括表現、壓力程度和快樂。**

在行為科學界，我們總是把***脈絡很重要（Context matters）***掛在嘴邊。[1]人類的行為時時刻刻受到當下環境

中的提示（cue）影響。我們會無意識地消化這些提示。舉例而言，如果一間店裡正在播放法國音樂，人們就會買比較多法國酒；放德國音樂就會買比較多德國酒。[2]因為音樂成了潛意識的提示，***輕推（nudging）***一個人做出特定選擇，但我們卻毫不知情。

外部刺激會不知不覺改變我們的情緒和決策，而刺激無所不在，有的被策略性地放置（像是上述例子中的音樂）、有的則純粹是偶然。在倫敦政經學院，其中一個學生獎項甚至被命名為「脈絡很重要」，用來提醒學生在詮釋研究結果時要好好思考其脈絡。

之前每一個章節都要求你保持高度警覺，為了讓這些章節的訊息發揮作用，你必須持續執行小步驟，實驗看看哪些行為科學見解能幫助你改變自己的行為，並盡量規避他人偏見和盲點所帶來的破壞性影響。但本章節不一樣，你要針對工作的環境做出決策。

> **改變環境的好處是，只要進行一次結構性改變，
> 接下來幾年便能持續從中獲益。**

你不必每天有意識地去選擇要改變環境的哪個面向。

本章節的主要目標是教你如何調整環境，以幫助你把工作做得又快又好。所謂的「調整」指的是對環境做出一次性的改變，不像你重複進行的小步驟。這些調整大多很容易做，也相對容易釐清是否具有益處，因為它們的效果幾乎是馬上就可以感受得到。

不過，其中有個例外⋯⋯那就是你必須努力讓你自己「不受干擾」。這可能會使你感到枯燥乏味，畢竟要對抗網路干擾對很多人來說，都是一種終極挑戰。你可能會發現自己不斷陷入**意圖—行動落差（*intent-action gap*）**，也就是「說是一回事，做又是另外一回事」。為了反映這一點，本章節的十個行為科學見解會分成兩部分來討論。

第一部分是幫助你避免數位干擾的小步驟。和它所占的篇幅一樣，這個改變可能需要花一點時間才能嵌入你的生活，也需要你重複做出行動。我們會先處理這一塊，聽從個人成長大師博恩・崔西（Brian Tracy）的建議「打蛇打七寸」——也就是一天的開始最好從最難的任務做起。

第二部分是普遍的環境調整方法，有助於你把工作做得又快又好。我會接二連三地丟出見解讓你思考，嘗試起來應該相對容易。這個部分的最後，我會希望你至少從九個見解中選出一個身體力行。不過，隨著時間過去，你或

許會希望加入更多個。

當你在讀這兩個部分時，要記得行為科學課題涉及的是某一特定人群中的平均值，也就是說，不見得所有建議皆適用於你。在你選擇執行後，請觀察你選擇採取的策略，是否改變了你在工作環境中經歷的數位干擾程度。

如果沒有，試試另一個策略，再次評估它的效果。至於連發見解，你可以用試誤的方式導入生活，給每一個方法一週的時間。這代表你會去蕪存菁，最終留下一組對你而言最能發揮功效的見解。

現在來為自己量身訂做行為科學妙招吧！

見解一：干擾

我很難忽視會令我分心的事物，手機「叮」的一聲表示有新通知或新簡訊就會把我從心流中抽離。我很容易一不注意就開始在網路上亂逛，如果有人來敲我辦公室的門，我可能直到下班，連一項待辦事項都無法完成。我的系統一甚至以自動駕駛模式查看電子郵件，害我因為胡思亂想以及同事朋友的各種要求而無法保持專注。

在2018年的某一天，我的分心問題特別嚴重，因此我

決定進行自我審視。我計算並記錄了早上十點至下午五點之間，每個小時分心的次數，這七個小時是我一天的工作精華時段。最終計算結果是五、九、四、七、五、三、十一……我總共分心了四十四次！那天我下定決心要想盡辦法杜絕分心。

干擾是每個人都會遇到的問題，為了計算出你受到多少影響，我建議你也進行工作日的自我審視。干擾偷走了你最寶貴的資源：時間。它是終極的時間陷阱。由於人與人之間的聯繫可以透過面對面、電話、電子郵件、WhatsApp、Skype、Messenger、LinkedIn、Twitter、Slack、Teams、Zoom、Meets以及其他不斷增加而我不知道的媒介，因此我們很容易把時間的掌控權，交給了別人一時興起的念頭。

我們會不自覺地走進一個助長分心的環境。

而代價是什麼？四處發散的注意力讓我們難以完成任何了不起的事，或甚至無法完成「**任何**」事。

在第二章，我們談了如何進入心流。心流讓我們能夠全神貫注。一旦進入心流，時間就會過得飛快。你會達到

渾然忘我的境界，做出最好的表現。對多數人而言，這種境界需要用力施展認知肌肉。當我進入心流時，會激發出最具創新創意的點子，這個時候的生產力最高，我甚至可以在離線回覆大批電子郵件時進入心流。我的做法是離線、回覆所有還沒回的電子郵件、再次打開Wi-Fi然後離開房間。直到我坐下來處理另一批郵件之前，我不會看到任何回應。批次處理讓我能夠專心在一件任務上，與外界隔絕……直到被打斷。

讓自己被打斷有差嗎？有！不管你在設計一項新產品、想出一套有創意的解決方案或是學習一項新技能，都需要不被打斷的時段。即使只有一瞬間 —— 像是手機「嗶」一聲——都可能打亂心流，導致你在試圖專注於眼前挑戰時犯下錯誤[3]。這些干擾不只占用了當下的時間，還會害你多花力氣（和時間）才能回到被干擾前的心流狀態。干擾也會對你的幸福感產生負面影響，並被認為與在各式各樣的工作類型或情境中易怒、憂鬱和工作滿意度低有關[4]。每個人在一天當中都需要有一些時間處於不受干擾的環境。

該怎麼做呢？

你可以靠自己設計並找出一個對你有益的環境。

最大的干擾之一完全掌控在我們手中：數位干擾。我們可以關掉通知，不讓沒完沒了的要求消耗時間。記住，**時間是唯一無法補充的資源**。因此，你必須設定環境提示，在你希望不受干擾的時段保護你的時間。

在第三章，我強調了避開時間陷阱的重要性，藉此空出時間讓你從事能快速前進的活動。對多數人而言，最大的時間陷阱就是耗在網路上的時間，參與一大堆毫無用處的活動。

你如何設置工作空間會影響你是否能夠保有安靜的專心時段。有些人的個人領域就是一臺筆電，每天的工作地點視情況而定，可能是附近的咖啡店、公園、餐桌或是長程火車上，而某些人則是擁有固定的居家辦公室或公司裡的指定工作空間。無論如何，首要之務都是盡量減少網路干擾。

> 想要防止負面行為，
> 就應該試著增加它的成本、減少它的效益。

你可以考慮在想要專心做事的時候讓上網這件事變得麻煩。在《生時間：高績效時間管理術》（*Make Time:*

How to Focus on What Matters Every Day）一書中，作者傑克‧納普（Jake Knapp）和約翰‧澤拉斯基（John Zeratsky）建議大家關閉智慧型手機上的所有通知，移除桌面上的電子郵件並關掉Wi-Fi以保持專注。

這麼做能帶來行為改變的道理是什麼？它增加了上網分心的成本，也降低了不斷去看訊息或刷動態、再拉回注意力的痛苦（也就是你得到了好處）。

我聽從他們的建議，乖乖地把電子郵件和社群媒體App從我的iPhone移除，也關閉了所有通知，包括電話和訊息，所以我的手機從來不響（千真萬確，**從不！**）。桌面上的電子郵件照樣砍掉，我還設定了會忘記密碼的Wi-Fi，不讓自己輕易上網。這代表如果我想要上網，就必須走下樓到我寫下密碼的地方查看（我的寬頻服務供應商剛好也堅持把密碼設得很奇怪，複雜難背）。基本上，我增加了成本，好讓我不輕易接觸最容易令我分心的事物，讓周遭環境成為低干擾區。

有用嗎？

確實一開始會出現戒斷症狀時，我找到了讓我分心的新事物。我泡茶、清除雜物、逗弄明顯想睡覺的鬥牛犬，詛咒傑克‧納普和約翰‧澤拉斯基跟我一樣過得悽慘又無

聊。但我還是堅持了下去。

我必須承認我會堅持下去只不過是因為包袱很重，不堅持會顯得很虛偽（放棄的心理成本提高）。做為承諾機制，我已經告訴好幾個人我正在進行這項改變。在這個例子中，保全面子效應發揮了「**正面**」功效。

一星期後，我終於明白了。我的生產力開始大幅提升，比以前更快樂，壓力也小很多。我既非心臟外科醫生也非小國總統，這一點提醒了我，就算長時間離線也不會造成什麼實質傷害。

至於我怎麼處理工作上的電子郵件？我並非完全不負責任。我的舊iPad保留了電子郵件App，我每天晚上六點用它來認真回信，一天就做這麼一次。我策略性地選擇這個時間，因為我知道比較不會被來來回回的信件分散注意力。如果有郵件要求我做一些事，我會排到下週的時間回覆，端看我認為它有多重要。如果能很快處理，我就會馬上回覆。

不時時刻刻去查看電子郵件需要很強大的自制力，因為我自認是刷新收件匣上癮的人，我會無意識地一直去做這件事。你可能有類似的網路成癮症需要去克服，不一定是溝通工具，也有可能是電玩、購物或新聞。

你可以怎麼做？

把時間陷阱局限在一個裝置上，當你需要不被干擾時，把這個裝置放在遠離身邊的地方。就是這樣！你建立了一個零干擾環境。接下來會發生什麼事？你的系統一（快腦）會開始把那個裝置跟時間陷阱活動聯想在一起，成為新的習慣，降低你無意識透過其他機制落入時間陷阱的可能性。當我只用iPad查看電子郵件時便是如此，我也只用這個iPad查看社群媒體和訊息。基本上，我一天一次的線上聯繫都是透過這個iPad。

一開始我很有意識也很刻意地去做，掙扎著不去查看手機或筆電上的電子郵件，畢竟多年來的積習難改。某些日子我會讓自己休息一下，但我還是堅持只用iPad，做為一種妥協。雖然整體而言次數比想像來得多，但強化了一個事實：查看電子郵件這件事只跟iPad連結在一起。到了某個時間點，我的新習慣跨越了某個看不見的行為科學門檻，一天查看一次電子郵件成為我身分認同的一部分。

我一直都很好奇一個小小的改變，能如何帶來意想不到的結果或**外部性（externality）**。多數塞爆我信箱的人都能接受我的回信速度變慢，甚至明白我的意思而比較少寄信給我；少數人則不太能接受，他們用各種方式聯繫

我，只差沒飛鴿傳書。一位同事甚至堅持要我開設另一個帳號，專門收來自優先人士的信。我怎麼回應？在晚上六點，我寫了一封信，回覆說他們這麼想念我，讓我覺得很貼心，但是再開一個帳號可能會讓我的電子郵件成癮症越來越嚴重，我不想冒這個險。我謝謝他們一直以來的體諒，保證隔天晚上六點會用我的iPad打給他們。在這裡我運用了「貼心」和「體諒」的標籤來讓他們自我感覺良好，幸虧巴納姆效應發揮了作用，我自由了！

好，我知道你們有些人的工作不允許你們過了24小時才回覆所有信件。你一天可能需要回個三、五次。在這個情況下，優先帳號或許對你有用。或是找另一種特定的方式，讓攸關生產力和必要工作的人能夠緊急聯絡上你。不過，如果你真心認為你需要整天守著電子郵件或其他形式的線上溝通，請問問自己的理由是什麼。除非你是緊急開關作業員或客服人員，否則很難令人相信這是運用時間的最佳方式。

不相信我嗎？試試從現在開始每天減少一小時耗在網路上的時間，並觀察兩件事。第一，世界有停止運轉嗎？第二，在這一小時當中，你完成了什麼有意義的事？

不管你身處於開放式辦公室、附近咖啡店還是居家辦

公室，都應該為你的小步驟優先空出時間。你要刻意去做這件事。

立刻做出承諾，換個方式進行線上溝通。

這個承諾應該要讓你從瑣碎的網路時間陷阱轉移到更有意圖的互動，在不分心的情況下從中獲益。

為了對抗數位分心，請回答下列問題：

---

1. 網路上最容易令你分心的事物是什麼？

---

2. 設置你的數位環境，僅透過一個裝置接觸此事物。你要使用哪個裝置？

---

3. 做出承諾只在一天當中的某些時間點使用此裝置。這些時間點為何？

快速行為科學見解

在2018年，我改掉了數位分心習慣。由於效果卓著，對環境做出小改變能大幅提升生產力的概念持續激起我的興趣。我以物美價廉的方法自己做實驗，探索了額外的環境改變。

我敢打賭，採取有意圖的線上互動策略，而非讓零星的事物分散注意力，能在大格局旅程中幫你省下很多擠出時間的工夫。拓展人脈這件事也因為你把注意力集中在眼前的人身上，而變得更加愉快。當你從虛擬網路走入現實世界時，最好環顧四周並自問：**這個實體空間是否能幫助我放大格局、完成小步驟並建立我想要的事業？**

> 我們生活和仰賴的環境，會直接影響我們的
> 表現、動機、毅力以及當下做出的選擇。

重點在於選擇盡量把時間花在一個有助於你實現自我和抱負的環境，我們有機會便可以隨時調整實體空間並選擇與誰共事。

行為科學的學問啟發我們去思考：什麼樣的環境改變能加強小步驟的習慣。記住，行為科學研究通常把焦點放在某一特定人群的平均值。你可能不同於此特定人群及平均值。不過，我可以肯定地說，你的環境的確會改變你的行為、情緒和專注能力。我們來探究九個快速行為科學見解，看看哪些適合你！

快速見解一：空氣

理想的工作場所空氣要流通。為什麼？有力證據顯示空氣流通與更好的工作表現有著正相關，空氣不流通則會與曠職率有所連結[5]。請盡量選擇通風良好的空間工作，如果你在辦公室上班，或是沒有選擇餘地，請至少一天幾次到室外透透氣。

我有個朋友即使處於倫敦的水泥叢林之中，在午休時也堅持一定要帶著筆和筆記本走到戶外。這一個小時給他空間反思上午的表現，也為下午的高效工作設定意圖，他在這麼做的同時還能順便觀看熙熙攘攘的人群！

另一個朋友告訴我，她一直以來都會找有戶外空間和漂亮環境的咖啡店坐下來享用一杯茶。或許她點的飲料價

格是別的地方的兩倍，但她得到的心靈附加價值卻遠超於此。

找不出空檔到外面呼吸新鮮空氣？你可以到戶外空間接工作電話，或把會議地點安排在通風良好的咖啡店。反正都要花這麼多時間在沒有用的會議上，不如選個更優美的環境。我在倫敦政經學院的辦公室也不太通風。解決之道？我選擇在各式各樣的地點開會，包括公共空間，有地方坐就行得通！

快速見解二：綠意

如果你真的無法在工作時間走到室外，不妨去一趟附近的園藝中心，把室外帶到室內。在工作區域擺放一些植物有可能提升你的專注力和生產力，並有助於降低待在室內太久的不良後果，像是壓力和疲勞。[6]

你只需要讓植物活下去！如果這超出你的能力範圍，試試仙人掌盆景吧。我的還附有狐獴擺飾呢。

快速見解三：自然光

　　盡量身處於通風良好的空間有另一個好處，那就是比較有可能接觸到自然光。我選擇坐在公園長椅上寫這一章可能看起來很莫名其妙，明明有私人場所可以做事，但在有自然光的環境中工作，所帶來的效益甚至還包括更好的認知表現。[7]我注意到自己的情緒和專注力更到位，也比較不會出現在室內工作整天容易引起的幽閉恐懼症（cabin fever）[8]或相關疲憊症狀。

快速見解四：人工光

　　你沒有意願，也沒有選擇坐在戶外？我目前住在英國，這裡一年有75%的時間，只要坐在公園長椅上，就得小心會被西風吹走。如果連我都還是想盡辦法想照到自然光，那也許你也有其他的選擇。假設你真的必須長時間暴露於人工光之下，有證據指出，如果要專心處理特定問題或任務，應該選擇亮一點的光源；要進行創意發想就選擇暗一點的[9]。實驗看看對你是否有效！

快速見解五：溫度

團體會議可以促成我們合作並突破界限，想出絕妙的點子或新的思維模式。跟一群感到安心並具有共同目標的人在一起，神奇的事真的會發生。不過，還是要記得測試現場的溫度……沒錯，真的是字面上的意思。

當人們覺得又熱又煩躁時，有證據顯示其生產力和合作意願會降低[10]，獨自工作也一樣。

一般而言，人們在16-24°C的室溫之下較容易進入心流。

最能提高生產力的確切溫度因人而異，你不妨找出自己的範圍！買一支物美價廉的溫度計，看看哪種溫度讓你在工作時覺得最舒服。

快速見解六：噪音

當然，坐在漂亮咖啡店或任何公共空間，真正風險是容易受到不可預測的噪音干擾。對於周遭人來人往會分心或無動於衷，因人而異，但證據明確指出，較安靜的環境

能提升動機[11]和生產力[12]。

要營造出能讓你保持專注的安靜工作環境必須靠你自己。

　　如果你有自己的辦公室，要控制噪音很簡單；如果你在一個很吵雜的環境中，降噪耳機可以派得上用場；如果你在開放式空間工作，找個牌子或標誌擺在桌上子，顯示你不想被打擾，像是「請勿打擾」的牌子、迷你交通錐或旗子。

　　如果你要在外面找地方做事，很容易在網路上查到咖啡店忙碌時段的資訊，你可以趁比較安靜又能占據理想座位的時段完成需要專心的工作。如同你用心安排與同事的會議或與新人脈的會面，你也要注意為自己制定高效時間計畫。

快速見解七：自己的空間

　　很多人都有專屬的空間，不管是開放式環境裡的一張桌子、臥室的一個角落，還是整個辦公室，這都是你從事持續學習或其他專注工作的場所。如果你沒有一個明顯的

空間，試試把範圍局限在房間一角的扶手椅或類似地方。記住，常規行為能養成習慣。在這個情況下，重複去特定的地點做同一件事能讓系統一自動把這個空間和這個活動連結在一起。

這有什麼重要性？你可以更快投入任務並進入心流，也可以利用這個專屬空間為你的大格局旅程進行每週規畫。

快速見解八：整潔

找到了屬於自己的空間之後，最好保持整潔以避免分心。

清淨的空間＝清晰的頭腦。

如果你毫無預警地跑來倫敦政經學院找我，會發現我難以克服的一大障礙是常常把周遭弄得很凌亂。但我在整潔的工作環境中比較快樂——而且不只是快樂而已，專注力和生產力也比較高。我可以更容易地找到我需要的東西，所以看到新證據把凌亂環境與較高的分心程度連結在

一起，我並不意外。[13]

　　清理專屬工作空間能讓你更容易進入心流並達到渾然忘我的境界。如果你跟我一樣天生會把東西堆得到處都是，那就需要把一些物品拿去回收或賣掉。在這麼做的時候，小心別落入了**稟賦效應（endowment effect）**的陷阱。它讓你對你的物品產生情感依附並給予過高的評價。

　　如果你賣過自己的房子，可能在跟房屋仲介討論估價時，會高估了你的粉刷裝潢。稟賦效應也導致你不肯丟棄不再使用的舊書籍、衣服和小物，讓別人更好地去利用它們。不過，一旦你能夠斷捨離，你會很快地調適過來。要提醒自己這一點，更常去清除雜物，創造整潔區域。

快速見解九：顏色

　　你在清除雜物時，也可以趁這個機會讓牆壁煥然一新。有關色彩的研究顯示，個人工作空間的牆壁顏色可能提升表現。然而，沒有哪一種顏色占絕對優勢。除了個人喜好之外，也有證據指出，選擇什麼顏色要看你想要達到什麼效果。藍色的牆增進創造力、系統化思考及認知表現[14]；紅色的牆則有利於專心進行注重細節的任務[15]。紅色也

具有喚起勇氣、魄力和競爭意識的作用。洛威（Rowe）等人在一項2005年的研究中以創新的方式闡明了這一點，他們在2004年奧運讓選手在角力和拳擊比賽中隨機穿上紅色或藍色服裝。隨機指定顏色確保兩邊的選手之間沒有系統上的差異。（否則有可能技術較佳或競爭意識較高的選手更常選擇紅色的服裝來穿。）結果有什麼發現？穿紅色服裝的選手獲勝的機率比穿藍色服裝的選手高了一倍[16]。

不只有顏色被拿來研究是否與表現有關，顏色的鮮明度亦被證實會影響結果。在私人的讀書空間，鮮明的顏色比黯淡的顏色更能提升表現[17]。

整體而言，色彩的文獻並沒有提供確切的指導方針告訴我們應該如何粉刷自己的私人空間，而且除了紅色和藍色以外的顏色尚無任何證據。但研究的確顯示出把一面牆漆成紅色能激發競爭意識，而藍色能帶來平靜或降低焦慮程度。

你要如何營造自己的實體和數位空間？

運用行為科學見解來調整你的環境能讓情勢對你有

利，進而達成目標。本章節的重點在於找出這些調整的方法。我詳盡地討論了如何把數位干擾降到最低，並提供九個快速見解，幫助你打造一個提高專注力和生產力的環境，可以進行規律小步驟，從事能實現大格局目標的活動。

來回顧一下……

見解一：干擾

把數位干擾局限在一個裝置上，需要進入心流時擺在看不見、摸不著的地方。

快速見解一：空氣

盡量待在通風良好的空間以增進表現。

快速見解二：綠意

在工作區域擺放植物以提高注意力和生產力。

快速見解三：自然光

盡量待在有自然光的地方能加強認知表現。如果室內沒有充足的自然光，那就往外走吧。

快速見解四：人工光

在有人工光的房間裡工作時，選擇亮一點的光源有助於專心，暗一點的則能激發創意。

快速見解五：溫度

觀察你在16-24°C的環境中獨自工作和進行創意會議時的表現，並視情況調整溫度。

快速見解六：噪音

較安靜的環境能讓你更有動機和生產力完成需要專注的工作。

快速見解七：自己的空間

保留一個屬於自己的空間，讓系統一自動把這個空間和需要專注的工作連結在一起。

快速見解八：整潔

保持工作空間的整潔讓你精神更集中。小心稟賦效應，它可能導致你囤積不必要的雜物。

> **快速見解九：顏色**
>
> 　　你可以試試用藍色（衣物或牆壁）促進創造力、系統化思考及認知表現。如果要專心進行注重細節的任務[18]或激發自己的競爭意識就換成紅色。

　　在2018年，我藉由注意數位環境的影響而改掉了（大部分的）數位分心習慣，並調整實體環境以支持更具生產力的工作方式。這些改變讓我更常進入心流且樂在其中。

　　你也想要改變嗎？那就下定決心採取策略杜絕數位干擾，同時選擇一個快速見解身體力行。去觀察並認知這些改變所帶來的效益，包括工作得更好、更快、更常體驗到心流。如果一星期之後毫無成效，修改你正在使用的策略並嘗試另一個不同的快速見解。透過試誤學習，你一定會找到策略來確保自己擁有不受干擾和數位分心影響的時段。同樣地，在實行快速見解的過程中，但願你能釐清哪些環境調整方法適合自己。

　　最後你應該會把每個見解都試過一遍，並處於一個新的穩定狀態，適合你的環境調整方法也已經整合到日常生活中。在接下來的路上，它們將逐漸融入背景，成為支持

大格局目標的架構。

　　那糟糕的一天讓我決定做出改變，過了幾個星期後，當我把鑰匙插入家門準備踏進去時，我知道如果我晚一點想要繼續工作，有精心打造的專屬空間能讓我好好地做這件事。不過我並沒有工作，而是關掉所有裝置，聚精會神地觀看由演技派女星奧塔薇亞・史班森（Octavia Spencer）主演的Apple TV最新影集《直言真相》（Truth Be Told）。

　　此外，我也憑藉一些行為科學見解磨練韌性，將在下一個章節一一解說……

　　祝你環境營造順利！

在進入下一章之前，請先確定你：

- 立下明確承諾減少每天受到的干擾數量。
- 從九個快速行為科學見解當中選出一個環境調整方法，明天開始實行。

本章節提到的五個實用行為科學觀念

1. **脈絡很重要（Context matters）**：人類的行為時時刻刻受到當下環境中的提示影響。

2. **輕推（nudging）**：影響個體行為的正增強。

3. **意圖-行動落差（intent-action gap）**：說是一回事，做又是另外一回事。

4. **外部性（externality）**：影響第三方的成本或效益（第三方沒有選擇帶來此成本或效益），來自於另一個人的行為改變或行動。

5. **稟賦效應（endowment effect）**：讓你對你的物品產生情感依附。

.

韌性

韌性不僅用來應對重大生活壓力和悲劇，也包含克服日常微小挫折的能力。不管你想要過什麼樣的人生，有件事我很確定：一路上少不了起起伏伏。你怎麼去應對這些起起伏伏將影響你是否能夠順利前進。

「你還好嗎？」我的好朋友凱文問道。那是2004年10月的某一天，我們正在把車子駛離我老家的車道。

我仍舊對著爸爸狂揮手，即使已經看不見他的身影。此刻我的心裡感到百般不捨，就跟過去幾個星期一樣。搬到都柏林攻讀博士學位是一件苦樂參半的事。苦在於離家的孤單，樂在於展開人生全新的一章。我不僅在專業上會有所成長和改變，在個人層面也是。

我過去幾年很辛苦，對於正面的改變抱有高度期待。在2003年1月，我的表弟兼好友艾米特因心律不整猝死，得年21歲。艾米特從事三種運動，看起來很健康，這個噩耗帶來的震撼不言而喻。接著在2003年9月，就在我跟媽媽去巴塞隆納歡慶她的六十歲生日後，我們發現她得了卵巢癌。診斷出來已經是晚期了，經過六個月的病魔摧殘，媽媽不幸在2004年3月過世。沒多久，我親愛的舅舅、艾米特的爸爸因肺癌離開，一樣診斷出來時已經太遲。我在那短短的時間之內承受的情緒風暴難以用言語描述，需要拿出平常沒有的極大韌性才能面對這三個打擊。

但在10月跟凱文開車去都柏林的那一天，我需要拿出韌性來面對更稀鬆平常、不該頻頻回頭的事：離家的打擊。我那時二十多歲，搬出家裡再自然不過。再說，四天

後到了週末，我會回來看老爸。接下來一年也幾乎每個週末都是如此。不過，情感上的衝擊還是真實存在，需要被克服。

定義韌性

> 韌性不僅用來應對重大生活壓力和悲劇，
> 也包含克服日常微小挫折的能力。

　　人生的打擊有大有小。在本章節，我們要來看看行為科學見解如何幫助你應付日常挫折而非重大生活壓力和悲劇，這兩者之間有著相當大的差異。後者的確需要用上關鍵技能，但遠遠超出了本書涵蓋的範圍，而我希望你的大格局旅程不會遇上這些事件。不過，我很確定你在追求新目標時，將遭遇林林總總的小打擊。

　　那麼你該預期遇到什麼樣的問題？

　　每個人對於「打擊」的定義視其韌性高低而定，對韌性低的人來說，工作上的朋友在走廊急急忙忙經過，沒有像平常一樣熱情打招呼，就會擔心對方是不是故意不理他

們。相比之下，韌性高的人會認為對方在忙，除非這個狀況一直持續下去，否則他們不會擔心友情是否已經變質，也不會認為這是一種打擊並為此發愁。

對韌性高的人而言，工作沒應徵上、案子沒爭取到或點子被否決，他們都視為「勝敗乃兵家常事」，並會利用這個機會反思哪裡做對、哪裡做錯；對韌性低的人而言，信心受到打擊可能導致他們不願意再踏出一步，甚至覺得待遇不公，全世界都在與他們作對。

不管你想要過什麼樣的人生，有件事我很確定：一路上少不了起起伏伏。**你怎麼去應對這些起起伏伏將影響你是否能夠順利前進。**

你有韌性克服日常生活中的挫折嗎？檢視並思考下方人們經常遭遇的事件清單。請你想像這些事件發生在你身上，利用以下三個情況來分類並標示出相對應的記號：

1. **「這種事是難免的」**──標示驚嘆號。
2. **「我會在一天之內放下，並重整旗鼓」**──標示圓圈。
3. **「這會帶來很大的影響，讓我裹足不前」**──標示星星。

考試時……

( ) 你看著眼前的考卷，發現一大堆問題都不知道答案。

( ) 你的分數不及格。

( ) 你的排名落在班上後20%。

( ) 你因為塞車錯過了考試，必須再等一年才能重考。

( ) 你考得比預期來得差。

演講時……

( ) 你上臺前緊張得狂冒汗。

( ) 某個人說你的論點是錯的。

( ) 臺下的觀眾一直在打呵欠和玩手機。

( ) 你講到一半突然在臺上昏倒。

( ) 你在問答時間被問了一個回答不出來的問題。

( ) 在你得到的回饋當中，有人詳細評論你的話不足信。

( ) 你得到的回饋以負面居多。

嘗試擴大新的客戶群時……

( ) 你寄了二十封電子郵件給潛在客戶，沒有任何回音。

( ) 你寄了二十封電子郵件給潛在客戶，三個人詳細回覆為何你的產品／服務不符合他們的需求。

( ) 你寄了二十封電子郵件給潛在客戶，五個人回覆「謝謝，但還是免了吧」並表示你的產品太貴了。

（　）你在與潛在客戶的第一次會面中留下了不好的印象。

（　）你最大的客戶取消了合約。

在日常工作環境時……

（　）你有一個重要的截止期限，需要某個資深同事的意見，但對方不回信也不回電話。

（　）在一個重要的會議上，同事說話蓋過你要發表的重點。

（　）雖然你努力爭取一件好差事，但沒被選上。

（　）同事扭曲你閒談之間的話語，儘管你道歉澄清，對方還是堅持錯誤的敘事並向老闆抱怨。

（　）你和表現差勁的同事一起負責某一項專案，對方出包。

（　）你開完職涯發展會議覺得自己被看不起，還是搞不清楚怎麼樣才能獲得升遷。

（　）你因為火車誤點而在重要的工作日遲到。

（　）你的老闆犯了錯，把氣出在你身上。

找新工作時……

（　）你為二十個職缺寫了客製化履歷，結果毫無回音。

（　）儘管第一次面試理想職缺時感覺很有機會，後續卻沒消沒息。

（　）你正在爭取的工作有一場任務導向評估，而你很清楚自己搞砸了。

　　如何？理想中，多數事件應該被你歸類為「這種事是難免的」或「我會在一天之內放下並重整旗鼓」。如果這描述了你目前的心態，那太棒了。但如果你在少數狀況下認為「這會帶來很大的影響，讓我裹足不前」也別擔心。大部分的人遇到暫時性的失敗都會過度反應，並在事情不如預期順利時變得暴躁。

　　做完這個檢視後，你可能會發現自己在某些方面比較有韌性。一般來說，在面對影響個人敘事的失敗事件時會比較沒有韌性。同事扭曲你說的話，可能會讓你十分不開心，甚至晚上睡不著覺。相比之下，火車誤點害你錯過會議，但抵達目的地之後，可能聳聳肩就過去了。在這個情況下，你的敘事認為自己是體貼的同事，但準不準時不是你身分認同的一部分。

　　遇上衰運或失敗時，我們必須仰賴韌性。

幸好，有一些行為科學見解能幫助我們培養韌性。依照這些見解去做，遇上失敗或衰運時會更有韌性，甚至完全不會注意到日常生活中的打擊。

和其他章節一樣，我將介紹十個行為科學見解，除了可以磨練耐力，要融入例行作息也相對容易，即使你總是忙到不可開交。別忘了，雖然每個行為科學見解都能幫到某些人，但未必能幫到所有人。記得在執行一星期之後進行評估並去蕪存菁。

見解一：韌性與基本歸因謬誤

來一場思想實驗，想像某個下雨天，你走在離家不遠的街道上，正要去參加一場重要會議。一輛超速的車子從身旁疾駛而過，濺起的水花潑得你一身濕，你會怎麼做？

很多人會低聲咒罵。有些人會對著開快車的駕駛大吼。這會改變你的心情嗎？多久？幾分鐘？幾小時？幾天？很多人在抵達目的地時仍會怒火中燒，到處跟別人講這件事。

有很多類似的思想實驗可以做，同事開會遲到、潛在客戶的言詞讓你覺得很無禮、打電話給銀行時等候接聽等

到天荒地老。

不管負面事件的大或小，它們停留在我們心中的時間，
往往比同等規模的正面事件還要久。

其中一些事件是否由我們在第五章探討過的基本歸因謬誤所引起？

來回顧一下潑水花的思想實驗，是什麼讓被潑到水花的人如此惱怒？在這個情況下，如果最惱怒的程度是十分，你會打幾分？

你對駕駛做出了什麼假定？你可能會認為他粗暴、傲慢甚至白目。還有什麼形容詞出現在你的腦海中？如果你知道這名駕駛趕著去醫院見瀕死的親人，你會改變你的形容詞嗎？如果有人告訴你，這名駕駛工作面試遲到了，他已經失業好幾個月，承受巨大壓力，你的形容詞會有所不同嗎？或是有其他原因，讓並非鐵石心腸的我們產生同理心？

如果你知道此行為背後的來龍去脈，在情緒上受到的影響是否會縮短，連鎖反應也跟著改變？對很多人而言，潑水花事件引發的同理心會讓心情不那麼惡劣。

為什麼我們在被濺到的當下，會理所當然地認為這名駕駛很白目？答案是基本歸因謬誤。駕駛的行為被視為反映了他的人格而非單純情況使然。下次問問自己為何生氣以及為何假設駕駛毫不在乎別人。坦白說，有些駕駛真的很白目，愛把別人的鞋襪弄濕。不過，**強烈的負面反應只會懲罰到你，不會懲罰到對方**，你本來可以很有生產力的一天可能因此被毀了大半。

　　當然，在這個例子中，我們永遠不會再見到那一名濺水花駕駛。也就是說，我們做出的反應並不會影響到未來跟這個人的關係。但要是我們在跟客戶或同事互動時，基於基本歸因謬誤做出反應呢？我們可能約了新客戶第一次會面卻出師不利，渾然不知對方已經失眠了兩星期。或是在同事不回電子郵件時認定他沒禮貌，但搞不好對方正在處理個人生涯危機。

　　這重要嗎？我認為很重要。

　　你不會希望因為生病錯過會議就被貼上「不負責任」的永久標籤，或因為火車誤點趕不上考試，我們會希望被諒解，或能被通融進入考場；同樣地，其他人也會遇上衰運因而影響日常互動的不好經驗。

　　下次這種情況發生時，提醒自己基本歸因謬誤的存

在，減少一開始互動可能產生的不快。這麼做能幫助你把同類型的事件都歸為「這種事是難免的」，讓你在面對日常打擊時更有韌性。

見解二：別讓第一印象決定一切

某次我到一家中型企業旁聽了一場資深經理會議，其中一個部分是由昂貴的顧問公司針對多元性和包容性進行簡報。有圓餅圖、支柱和心智圖。我們比預定的一個小時超過了約十五分鐘，會議看起來並沒有很快要結束的跡象，此時一個我不認識的聲音說：「我要是再聽到一次『心理安全感』，就要從該死的窗戶跳出去。根本是個屁！」我環顧四周低垂的腦袋，注意到幾個人露出「哎呀！」的表情，並看著這位打斷會議的仁兄甩開門走出去，門在他身後用力關上。主席難堪地道歉，向簡報者保證只有那個人是異類，其他人都很專心在聽，會議繼續進行（打呵欠）。

結束後是自助式午餐會，沒有人提到剛才發生的事，這讓我對打斷會議的仁兄更加感興趣。當我和主席私下交談時，我問他那個人叫什麼名字。

「噢，你說葛雷格呀。別理他，他在我們的多元包容倡議行動中並不是主要的利害關係人。不需要他同意，大家都一致認為要建立具有包容性的勞動力，你的意見讓我們獲益良多……」

他可能還想摸摸我的頭把這件事帶過去，雖然資訊還是很不足，但至少我現在知道了那位仁兄的名字。

我一直把他放在心上，可能是因為他很諷刺地在多元包容會議中喊了「心理安全感是個屁」，因此留下了揮之不去的深刻印象。又或許我只是愛八卦。幸運的是，當時我正在為這家公司進行短期顧問諮詢，有很多機會遇到這位仁兄。第一次他看起來人不錯，微笑著跟我打招呼。第二次也差不多是如此。到了第三次，他在員工休息室把最後一個茶包給了我，散發出親和力，顛覆了之前打斷會議的形象。我大膽地問他要不要邊喝咖啡（他的第二選擇，因為茶包被我搶走）邊聊聊。

我不是一個很愛瞎聊的人，所以這場即興談話過了大概五十秒，我問他對心理安全感有什麼意見。接下來發生的事出乎我意料之外……他開始大笑，笑個不停，我尷尬地站在那裡至少三分鐘。

他笑夠了之後，邀請我去見見他的團隊。

讓我眼睛一亮的是，這二十幾個人的團隊有相同數量的女性和男性，比起其他部門還有明顯的黑人、亞洲人和少數種族成員。大家都愉快地對他點點頭，幾個人歡樂地大聲打招呼，這跟我在同一棟大樓的其他樓層感受到的有氣無力大不相同，令人費解。

　　到了下一個星期，我才發現葛雷格的團隊在這家公司的表現數一數二。所謂的「表現」由創造的營收來衡量，但他們團隊在員工滿意度調查中的工作滿意度和快樂指數，也跟業績一樣一直以來居於高點。

　　原來，我用了不正確的眼光去評判葛雷格。怎麼說？我以自己的偏見和盲點建構出有關這種人的錯誤敘事。首先，我受到了*幻覺相關*（*illusory correlation*）的影響，假定他發飆的事和他對職場平等的態度之間有關連，但其實沒有。這個無意識犯的錯，助長我建構不正確的敘事。

　　我以為別人對他這種糟糕的領導能力睜一隻眼閉一隻眼是因為他很會賺錢。但事實是什麼？葛雷格十分在乎多元性和包容性。他不爽公司只是制式地發表格讓大家勾一勾就好，且逃避與其他團隊進行直搗核心的對話。他以行動證明自己對多元性和包容性的在乎，他當時大發雷霆是因為，他認為開會的目的只是在做表面工夫，根本沒有實

際行動。

但幻覺相關不是那一天影響我的唯一偏見或盲點。我還被**尖角效應（*horn effect*）**蒙蔽，也就是一個不好的經驗，讓我們在沒有證據的情況下將其他負面特質與某個人連結在一起。

第一印象受制於偏見和盲點，像這樣負面的第一次互動很容易被內化成打擊，讓你下定決心再也不要跟對方打交道。不妨把負面的第一次互動看做是「難免的」事件，別為此操太多的心，把韌性留在其他地方使用。

給別人第二次機會解除誤會，
是我們身為人類能做的最善良的事情之一。

對我來說，我做過最棒的事情之一，就是提供葛雷格機會針對我眼中的惡劣行為給予回饋。我從與他的互動當中學到很多，我們至今都還在互相交流和學習。

請別搞錯我的意思，我不是要你一直去忍受任何人的惡劣行為，這會讓你的大格局旅程痛苦不堪，快速消耗你的韌性，而是要你給第二次機會。反過來說，如果你知道「**自己**」犯錯時也能有第二次機會，磨練韌性會更加容易！

見解三：欣然接受小勝利

回想一下濺水花的思想實驗，想像某個下雨天，你走在離家不遠的街道上，看見一灘水窪和一輛行駛過來的車，但已經來不及躲開。然而，駕駛看見了你，及時慢下速度以避免濺起水花，你會怎麼做？

對很多人而言，這件事就這樣結束，可能抵達目的地之後就忘了。我們不太可能會滿懷感激地對著駕駛揮手，被濺到的話還比較可能怒氣沖沖地揮舞著拳頭。多少人會帶著微笑祝這名駕駛有美好的一天？

好啦！好啦！我懂——濺起水花罪不可赦。沒有人喜歡被淋得一身濕！但比較一下得到客戶讚賞和受到客戶羞辱的感受，也比較一下每週收入多出一百英鎊和損失一百英鎊的感受。不管傷害的是自尊還是荷包，**損失規避都會導致負面事件的影響比相應的正面事件來得大。**

一不注意，損失規避就會把你感受到的損失放大好幾倍，遠超出同等份量的收穫。我們在第四章談過預期損失規避，它解釋了為什麼人們不敢踏出去爭取升遷或進行提案。在這個情況下，人們裹足不前，因為他們預期失敗會帶來損失。現在當損失從想像變成了現實，根據經驗法

則，你可以預期，真正的損失所帶來的感受，會比同等份量的收穫還要大一倍[1]。這跟韌性有什麼關係呢？

有些人會在創業時選擇承擔風險，儘管這個事業可能風光一陣子，然後走下坡。有些人則會忍痛轉職到薪資更低，但遠比現職更有趣的職位。如果你了解下滑的痛苦遠比上升的快樂來得強烈，這個事實便可能足以讓你在**真的**成功時停下來好好欣賞自己的成就。

時時把損失規避放在心中有助於培養韌性，因為你知道它具有影響力，便能採取步驟把傷害降到最低。然而，損失規避就跟反射動作一樣根深蒂固，所以這個策略的效果有限。如果你能更常有意識地把焦點轉移到收穫，要改變態度以平衡損失和收穫就會更容易。怎麼做？每天衡量哪些事進行得很順利。你可以想成是在練習感恩當下，因為它與正在發生的事有直接相關性。

這個簡單的練習真的能建立韌性嗎？證據顯示可以。一項創新的研究清楚強調了韌性和感恩之間的連結。蘿莎娜・劉（Rosanna Lau）和鄭相德（Sheung-Tak Cheng）在2011年把一群五十五歲以上的中國長者隨機分成三組。第一組被要求寫下他們覺得感恩的人生事件；第二組被要求寫下他們擔心的人生事件；第三組則進行與個人情感無關

的中性任務。接著研究人員評估了受試者對於死亡有多焦慮——研究人員預期這個主題已經在受試者的心中醞釀——並發現感恩組在思索死亡時比其他兩組更有韌性。

除了長者之外還有別的證據嗎？有，而且使用類似設定。羅伯・艾曼斯（Robert Emmons）和邁克・麥卡洛（Michael McCullough）在2003年進行了一項這樣的研究。他們把重點放在大學生的韌性，發現感恩練習進行十星期後，帶來了更高的生活滿意度、更好的心情以及更少的頭痛。這些都是小行動帶來的大收穫。**表達感激之情的簡單動作，真的有利於增強韌性。**再來，感恩也能減輕憂鬱，同時提升快樂與自尊[2]。

<blockquote>

有意識地去正視小「勝利」是
練習感恩和增強韌性的絕佳方法。

</blockquote>

不需要是什麼了不起的事，甚至不必寫下來——雖然很多人喜歡用寫的方式進行每日感恩。你只需要每天花五分鐘（固定時間有助於養成習慣），刻意把注意力放在過去二十四小時感受到的所有美好時刻。

從大勝利到小確幸，不管有多平凡無奇，每天盡量把

注意力放在這些事件上並運用你的慢腦（系統二）。確保這些時刻不被忽略，你便能重新平衡你對損失的感受，用不同的眼光看待負面事件。

人生總有起起伏伏，最好避免過度聚焦於損失而無視收穫。

從現在開始做起，寫下你今天到目前為止經歷的三個小勝利：

1.

2.

3.

見解四：有能力放大格局並採取小步驟是一種特權

七歲時，有披薩可以吃、電影可以看就足以紓解壓力。到了三十多歲，我選擇散步和喝馬丁尼，來從例行公事的壓力中獲得喘息，如果生活烏煙瘴氣，那就來個三天的旅行。

我平常不會特別去注意這一點，但後來我意識到了——能夠像這樣紓壓是一種特權。能夠放大格局、採取小步驟和打造理想職涯也是一種特權。

有助於磨練韌性的一個方法是提醒自己有多幸運才能放大格局並一步步朝夢想前進，同時也要記得途中遭遇的挫折只不過是旅程的一部分。不爭的事實是，你能夠踏上旅程是一種特權而非苦差事。

當你獲得小勝利並心存感恩時，這一點會很明顯。你對已經發生的事件做出反應，而我建議你有意識地對你擁有的人生選擇心存感激，特別是每天執行小步驟以達成大格局目標的選擇。

在世界各地有數以百萬計的人沒有餘裕去放大格局，有些人光是要維持生計都很吃力；有些人的機會被傳統或政府限制住；有些人必須暫時把重心放在自己或家人的健

康上；有些人根本沒辦法工作。

放大格局並制定計畫達成目標，
是你可以去做而非不得不做的事。

　　我們已經討論過以正面的方式，界定你要傳達給他人的訊息所能產生的影響力。把大格局的小步驟界定為你「可以去做」的事，這麼做能夠讓你很自然地對擁有的機會心存感恩。提醒自己，只要規律從事你在第二章辨識的活動，你就會一直前進，無論步伐有多小；提醒自己，得以從事這些活動本身就是一件值得感恩的事。

　　以這種方式進行感恩練習能磨練韌性，在你遇上陡峭的學習曲線或應付漫長的計畫時幫助你熬過去，也能讓你在事情出錯時冷靜地面對現實，不至於過度反應並內化壓力，導致韌性被消耗。

見解五：人比人氣死人

　　我在2015年受邀到一間大公司進行一場平易近人的演講，談談行為科學與韌性的課題。當天我感到活力十足，

臺下的觀眾也很捧場。我提到了**享樂跑步機（hedonic treadmill）**這個有名的概念，它解釋為什麼人們的收入或身分地位更上一層樓之後沒有變得更快樂——因為總是有人爬得更高或做得更好。我們永遠都在**跟別人做比較（keep up with the Joneses）**。

你總是認為某個人、在某處、做得比你好。在Instagram、臉書和Snapchat上更是如此。此時，我注意到一名觀眾舉起了手，是一位資深總經理。我趁機喝了一大口水，揮手鼓勵他大聲把問題說出來。

「這是我管理員工遇到最大的難題。」他表示。「不管一個人的表現有多好，在發獎金的日子總是不滿意，我不得不秀出圖表讓他們看看自己的薪水跟同職位的同事相比落在哪裡。非得要這麼透明不可嗎？」

近來，對薪資透明的要求讓許多大公司對員工揭露他們與同儕相比有何差距。由於很少人看到自己被雇主評為平均值以下還會感到自在，這個做法可能會以非常明確的方式凸顯我們距離別人有多遠。但我舉雙手贊成薪資透明——它被證明能夠讓不太會去要求加薪的族群更常站出來，像是女性。然而，如果你在乎員工的福祉及滿足感，沒道理讓發放績效獎金的日子，變成關注相對薪資的日

子。或許這一天應該要把注意力放在一張，能夠顯示員工在自己的職涯走了多遠的圖表上。

如果你把焦點放在自己絕對的進展上，
避免與他人比較，韌性便能消耗得少一點。

這需要心態上的改變，你總是想要趕上別人嗎？你會拿自己的勝利去跟認識或經常接觸到的人做比較嗎？還是你只監測自己的進展，看重絕對的勝利？如果我拿自己去跟別人做比較，就是在做「相對比較」。如果我監測自己的進展，就是在做「絕對比較」。

要把焦點全部放在絕對比較並不容易，但有利於你增強韌性。

想像一下，你正在努力減重。相對比較讓你拿自己的每週進展，去跟減重群組裡的其他人做比較。只要其他人減得比你少，就算你只減了一公斤也會很開心。聽起來怪怪的，對吧？我們在太多情況下，會自動以相對而非絕對比較來衡量自己的進展。

你小時候拿到成績單時，父母看了之後有沒有問你班上其他人考得怎麼樣？你有沒有拿自己去跟朋友做比較？

如果你獲得加薪，同時知道其他所有同事加得都比你多，你會不會惱怒？這會不會讓薪水袋變厚的喜事黯然失色？

　　把焦點放在絕對而非相對比較，將幫助你持續表現得更好、進步得更快並保有韌性。 除了我遇到的例子之外，還有出色的學術論文支持這些觀點並強調相對比較對績效有害[3]。如果說為了更好的績效，對你來說是個提不起勁的動機，那麼「為了你的幸福感」呢？拋開相對比較，只跟自己比吧[4]。何必一天到晚提心吊膽地拿自己跟別人比？為了擁有更健康的心態，盡量凸顯今天的自己跟昨天比較有了什麼進展。

見解六：重新聚焦

　　我畢生最丟臉的那一天是個陽光普照的炎炎夏日，我當時呈現頭下腳上的姿態。七歲的我倒掛在單槓上，最愛的短褲裂了開來，小臉漲得通紅。我試著翻身下來，希望沒有人看見，但此時好死不死五十多個同校的男生在旁邊大笑成一團。

　　你記得最早學到的人生教訓是什麼？對我來說，從丟臉的情緒中恢復過來的最佳方法就是找別的事情轉移注意

力。在那個夏日，拯救我的是披薩和《小精靈》
（Gremlins）（一開始是恐怖片後來變成喜劇片的電
影）。

被客戶拒絕？要求升遷不成？投稿被忽視？同事寄來
的電子郵件語氣不佳？和事業夥伴起衝突？當壞事發生
時，最好先讓自己抽離一下，做點別的事情轉移注意力。
當你真正需要面對問題時，你的韌性也已經恢復到一個程
度。這麼做也能把情意捷思發生的可能性降到最低，不讓
自己在情緒影響下透過心理捷徑（不一定對你有好處）做
出決策或反應。

從壓力情境中轉移注意力

我需要轉移注意力時都怎麼做？令人毫不意外地，我有
十個項目可以視情況選擇使用：

1. 帶我的愛犬凱西去里奇蒙公園散步。
2. 參加皮拉提斯戰鬥營。
3. 讀小說。
4. 找朋友喝一杯馬丁尼。
5. 到劇院或電影院好好看一齣戲。
6. 關掉手機，在倫敦四處閒晃。

7. 渾然忘我地做研究。

8. 做泰式按摩。

9. 到荒郊野外放空。

10. 回去看我在科克的家人。

　　你的做法是什麼？如果冥想對你有用，那就去做[5]，但每個人都有自己的偏好。放鬆心情和轉換視角的方式因人而異，找出適合自己的會讓你獲益無窮。你會怎麼做可能也要看你面臨的失敗或問題有多大。在多數情況下，我不需要跑到荒郊野外或完全斷訊！可能帶我家鬥牛犬凱西去里奇蒙公園一個小時也就夠了。看著凱西興奮地踩水窪、或在滿是塵土的道路上翻滾，便能撫慰我的心靈，和活在當下的凱西在一起，我也得以活在當下，忘卻煩憂。

　　花點時間思考並寫下你轉換心情的方式：

1.

2.

3.

4.

5.

6.

7.

8.

9.

10.

丹尼爾‧卡內曼在《快思慢想》（*Thinking Fast and Slow*）一書中寫道：「人生沒有什麼大不了的事情，除非你一直去想它。」如果你讓負面事件盤據在心頭，陰影就會揮之不去。要是發生了丟臉的事，回想一下聚光燈效應（見本書第200頁）。別人很有可能忙著關注自己的錯誤和過失，沒空管你是不是搞砸了。知道沒幾個人注意到你的失敗，要重新站起來便容易許多。

先聲明，我並不是要你一走了之，也不是要你把感受深深壓抑在心中，連在家裡大吼大叫發洩一下也不行，而是在經歷了「我會在一天之內放下並重整旗鼓」或「這會帶來很大的影響，讓我裹足不前」的情境之後，先抽離一下，把焦點轉移到其他事物，再採取行動。

如果失敗或問題產生後需要進行決策，千萬別當下做出反應。幫自己一個忙，在情緒高漲時設下緩衝時間，過了之後再去做任何有約束力的決定或行動。在多數情況下，人生重大決定都能有這樣的喘息空間，即使當下彷彿天崩地裂。讓自己喘息一下，別寄出怒意滿點的電子郵件或胡亂發飆。你可以請那些要求你馬上做出反應的人等一下，告訴他們你需要一些時間重整思緒，別讓你為難。利用這段時間好好重整思緒、解除壓力並建立韌性。

見解七：重新檢視時間陷阱

我昨天三餐都吃外賣，也沒有去散步。時間全都花在不必要的會議上，其中四個連議程都沒有。一堆點子還沒想清楚就被拿出來討論，與會者發言只會聽到自己的回音，我也跟著一點一滴地失去了生存意志。昨天晚上只斷斷續續睡了四個小時，今天的我面對壓力毫無招架之力，韌性被消耗殆盡。

昨天我沒有善用最寶貴的資源——時間。

在第三章，你花了一些時間辨識時間陷阱。你可能注意到我剛剛辨識了不必要的會議。別把它們跟探索合作機會、推動計畫或建立關係的對話搞錯了，後者是我不可或缺的互動，然而不必要的會議對我來說毫無用處。

在某些日子裡，你會覺得時間莫名其妙地流逝了。連鎖效應是完成不了高效工作，也進入不了心流，一整天下來好像一事無成。當你抱持著這種想法，韌性就會減弱，難以克服障礙。在這樣的日子裡，或者隔天也行，最好進行過去一天的時間審查，辨識你從事了什麼活動導致毫無作為。你在第三章有辨識出這些時間陷阱嗎？還是被盲點蒙蔽，視而不見？或許你認為自己擺脫不了它們？你能挑

戰這樣的假定嗎？

辨識一天當中對你造成負擔的活動，
減少頻率或徹底避免以保有韌性。

　　這麼做也能空出時間讓你進行大格局的小步驟。到了此刻，這些小步驟已經與你希望培養的技能以及你想要從事的活動產生了連結。現在我要請你重新評估你如何花費你的時間，把造成負擔的活動（像是不必要的電子郵件）換成補充能量的事物。最基本的像是吃得健康並讓身體動起來。如果你更注意飲食與運動，就會有充足的體力和清楚的頭腦。這會帶來良性循環，讓你變得更專注、更有自信達成大格局目標，韌性也隨之提高。

　　在上一個見解中，你列出了可以轉移注意力的活動。你選擇這些活動是因為做這些事能讓你心情變好。除了設定吃好多動的意圖之外，不妨把其中一項或多項活動納入你的每週規畫中。你不會等到車子壞了才花錢保養，那為什麼要等到韌性耗盡才去補充呢？

見解八：衡量你的韌性

身為一名學者，被拒絕是家常便飯。這是工作的一部分。我寫的論文就算再有創意都可能被拒絕。

我稱之為「工作的一部分」是因為，如果你身為學者卻沒有被期刊拒絕，表示目標設定得還不夠高。要在排名低的期刊上發表論文很簡單，換成頂尖國際期刊便難上加難。我可以很肯定地說，這些年來我已經能夠更坦然地去面對拒絕，因為它讓我得以待在自己喜愛的工作崗位上。但你有可能知道自己的韌性是否在提升嗎？這個認知是否能幫助你進一步磨練韌性？韌性可以被衡量嗎？

在第三章，我們討論過禁得起衡量的就會成功。透過衡量與監測，我們照理說會把注意力集中在進展上。這些進展具有**增強的顯著性**（*increased saliency*），我們會清楚意識到自己的進步，受到驅策而繼續往前走。

韌性也是一樣。如同顯著性能幫助你堅持進行小步驟活動，因為它們已成為你優先考慮的事；你發現要是自己意識到韌性正在提升，要持續磨練便容易許多。

但要審查韌性的強度就必須去衡量它。該怎麼做？答案不是很明確……

如果可以買一瓶「韌性」，它會長什麼樣子？成分會是50%的耐力加上50%的堅強嗎？研究顯示，具有高度韌性的人也可能擁有這兩項人格特質[6]。你可以透過簡明韌性量表上衡量這些特質的分數高低，來衡量自己的韌性是否有變化。

　　此量表由布魯斯・史密斯（Bruce Smith）等人在2008年提出，有以下六個陳述：

	陳述	非常不同意	不同意	普通	同意	非常同意
1	我經歷苦難之後能很快重振旗鼓。	1	2	3	4	5
2	我很難熬過壓力事件。	5	4	3	2	1
3	我不用多久就能從壓力事件中恢復過來。	1	2	3	4	5
4	當壞事發生時，我很難馬上振作。	5	4	3	2	1
5	我通常可以輕而易舉地度過難關。	1	2	3	4	5
6	我需要花很長的時間才能克服人生挫折。	5	4	3	2	1

　　分數越高，代表你的韌性越強。當你開始審查自己的韌性強度時，別去管起點在哪裡，你需要關注的是有沒有進步。記得重點在於絕對而非相對進展。利用上方的陳述

每六個月誠實地為自己打一次分數，注意它在大格局旅程中有沒有越來越高。這個凸顯進展的簡單動作能促使你持續不斷地提升韌性。

見解九：重新定義打擊

在本章節的一開始，我們提到了日常打擊的定義因人而異。但人也會隨著時間改變，過去十年我經歷最大的改變之一就是重新定義了日常打擊，不再為小事抓狂。

除了以先前描述的方式衡量韌性之外，你也可以利用定期的每週規畫時間來反思自己的應對能力是否有變化，藉此凸顯進展。這很容易做，你需要把過去一週發生的負面事件全部列出來。如同我們在本章節一開始所做的，將這些事件分為三類：「這種事是難免的」、「我會在一天之內放下並重整旗鼓」以及「這會帶來很大的影響，讓我裹足不前」。如果你發現前兩類與第三類相比增加了，表示你的韌性正在提升。

當然，隨著韌性提升，你對負面事件的定義也會改變。如果你注意到每週負面事件的清單在旅程中大幅縮短，你可以肯定自己面對日常打擊更迎刃有餘。這是因為

你一開始列的項目，像是同事對你亂發脾氣或你得到負面回饋，都已經不再出現。

你不再為小事煩惱，甚至根本不會記得這些小事。
這讓你空出時間去做真正有意義的活動。

從容面對打擊不代表要去遭受不必要的打擊。一般來說，如果同事發飆我會視若無睹。然而，我不是個逆來順受的人，如果同樣的事情一再發生，我會不吭一聲地把他們排除在我的行程之外。

見解十：睡眠

ZZZZZZZZZZZZZZZZZZZZZZZZZZ。

「科學家發現了一個革命性的新療法。它能延長壽命、強化記憶和增添魅力，還可以讓你維持苗條身材並抑制食慾。它杜絕癌症和失智症，預防感冒和流感，降低心臟病發作、中風及糖尿病風險。你甚至會感到更快樂，遠離憂鬱和焦慮。」

以上段落來自馬修・沃克（Matthew Walker）的著作

《為什麼要睡覺？》（*Why We Sleep*），它出色地以說服力十足的證據，闡述睡眠是許多病灶的萬靈丹。就本書而言，健康的睡眠習慣能讓你更有韌性。在你過了充滿壓力的一天之後，睡眠也是很好的反應機制。

我很愛睡覺，它在日子不好過時幫助我恢復元氣。

好好睡一覺之後，你應該更能從容面對人生打擊。

睡飽七個小時足以給我滿滿的精力面對同事、合作夥伴和學生，也讓我在從事持續學習時更容易進入心流。每個人需要多少睡眠各不相同，但了解自身狀況並建立適合的架構，達到自我照護的承諾，能為韌性和其他層面帶來好處。

好用訣竅：睡得更好

為了幫助你睡得更好，從下列建議當中選擇至少一個在日常生活中實行。和我們討論過的所有行為見解相同，盡量用試誤法去一一嘗試：

1.　每天固定時間上床睡覺和起床。
2.　睡前一小時避免明亮光線。

3. 睡前一小時為舒緩時間,不接觸任何螢幕。

4. 不把手機或其他電子裝置放在臥室裡。

5. 睡前四小時避免攝取咖啡因,在舒緩時間喝一杯能讓你放鬆的飲料,像是熱牛奶或花草茶。

6. 睡前四小時避免大吃大喝。

7. 保持睡覺區域整潔。

8. 選擇棉質等透氣材質的床單、枕頭套、被套和睡衣。

9. 讓室溫保持在15-22℃,監測你在這個範圍睡得如何並找出最理想的溫度。

10. 睡覺時保持黑暗。

堅持不懈

擁有高度韌性讓你更容易堅持不懈。這個特定生活技能也有助於提升快樂程度與心理健康、減少掛病號的日子、激發創新和增進動機。培養韌性是一件很值得去做的事[7]。

我在2004年從科克搬到都柏林時,韌性很低。還好那

一天掌控方向盤（字面上和比喻上）的朋友凱文讓我轉移注意力，向我保證再難受都會過去的。我要強調一點，當你無法靠自己的韌性撐下去時，可以也應該仰賴朋友。人生苦短，別總是一個人承擔打擊，特別是不必要的打擊。

當然，應付打擊並非百害而無一利。處於負面情境之中就能建立韌性。熬過逆境會帶來收穫，證明你擁有應對能力；失敗了還能堅持下去，證明你堅韌不拔；能從糟糕的辦公室政治全身而退並保有良好的同僚關係，證明你備受尊敬；不去內化別人的負面態度，證明你夠堅強；能從改變之中破繭而出，證明你是一名生存者。這些證明為你的性格創造出新的正面敘事，你再予以內化。

本章節介紹了幫助你培養韌性的行為科學見解，來回顧一下……

見解一：韌性與基本歸因謬誤
　　下次碰到負面遭遇時，提醒自己基本歸因謬誤的存在，如此能降低衝擊並使情緒不受影響。

見解二：別讓第一印象決定一切
　　第一印象受制於偏見、盲點和捷思，給別人第二次機會解除誤會是我們身為人類能做的最善良的事情之一。

見解三：欣然接受小勝利

每天回想小勝利。

見解四：有能力放大格局並採取小步驟是一種特權

每天提醒自己一個純粹的事實：能夠放大格局、採取小步驟和打造理想職涯是一種特權而非苦差事。

見解五：人比人氣死人

把注意力集中在絕對而非相對比較能讓你持續表現得更好。

見解六：重新聚焦

當壞事發生時，讓自己抽離一下，做點別的事情轉移注意力以規避情意捷思。

見解七：重新檢視時間陷阱

別讓時間陷阱消耗你的韌性。把保留下來的時間拿去進行補充能量的活動。

見解八：衡量你的韌性

利用有效的衡量工具來審查你的韌性強度以凸顯進展。

見解九:重新定義打擊

注意自己是否重新定義了打擊以凸顯韌性進展。

見解十:睡眠

好好睡覺。

實行這些見解能磨練韌性。隨著韌性變得越來越強,你會發現一路上遭遇的失敗和問題都沒什麼大不了,並能從新的經驗當中獲得學習。你會把無法消除的障礙重新界定為可以克服的挑戰,將打擊視為歷程的一部分。受到打擊、站起來、繼續前進。你能夠應變調適。

祝你磨練順利!

在進入下一章之前，請先確定你：

- 把過去一週發生的負面事件全部列出來，分為三類：「這種事是難免的」、「我會在一天之內放下並重整旗鼓」以及「這會帶來很大的影響，讓我裹足不前」。
- 選擇至少一個本章節的見解，融入到你的旅程中。

本章節提到的五個實用行為科學觀念

1. **心理安全感**（psychological safety）：人們在一個環境中知道自己可以直言不諱，不用害怕受到懲罰或羞辱。

2. **幻覺相關**（illusory correlation）：認為可變因素之間有關係，事實卻並非如此。

3. **尖角效應**（horn effect）：不好的經驗讓我們在沒有證據的情況下將其他負面特質與某個人連結在一起。

4. **跟別人做比較**（keeping up with the Joneses）：用比較來做為自身成功的基準。

5. **增強的顯著性**（increased saliency）：把注意力拉到一個行動的效益上，讓人繼續去做這個行動。

歷程

把大格局旅程設定為中期目標將會增加成功的可能性,因為它不會為你的人生帶來太大的動盪。本書的核心是提供一個架構助你一臂之力,讓你一路上在任何需要的時候都能回顧這些篇章。

在世界各地，每天都有人下定決心要做出工作上的改變。很多讀者找到了這本書，立志帶來一番新氣象。你想要用比現在「**更好**」的方式維生，所謂「更好」是什麼？見仁見智，但達成目標的原則並無不同。

你可能想要工作得更快樂、更有自主權或更有動機；你可能想要尋求自我實現、履行社會責任或得到更多的金錢、地位或權力；你可能想要與他人共事或獨自工作；你可能想要發揮創意、創新或處理數字。你想要做什麼由你的價值觀和喜好來決定，每個人都不一樣，也會隨著不同的人生階段而改變。

各自設定的目標大小也會有所差異，有的人計畫讓事業加速前進；有的人希望爭取平級調動（lateral move）[1]；有的人想要發展副業；還有人打算完全轉換跑道。

你們所有人的共同點在於，只要建立計畫架構規避自己和他人的偏見和盲點，成功機率就會大大提升。

把大格局旅程設定為中期目標將會增加成功的可能性，因為它不會為你的人生帶來太大的動盪。本書的核心是**提供一個架構助你一臂之力，讓你一路上在任何需要的時候都能回顧這些篇章。**

你讀完這些篇章之後，心中會清楚顯現定義明確的目

標，如同第二章所提到的，這是你的大格局目標。你花時間放大格局並決定「升級版的我」要做什麼工作維生，也辨識一連串推動你前進的活動，只要規律執行這些小步驟便能抵達目的地。在第二章，你也花了一些時間反思令你裹足不前的個人敘事。一旦這些敘事被辨識出來，就能藉由一些過程改變成你想為自己寫下的新故事。

舉例而言，如果你認為自己總是半途而廢，達不到設定的目標，那就聚焦於實行第二章的小步驟。這些小步驟就是過程，不斷重複同樣的過程就會形成新的敘事，汰換舊的負面敘事。每星期檢視一次，將注意力放在你的進展上。凸顯進展能讓這個過程的效益成為你最優先考慮的事，進一步激發你的動力。

時間是你最寶貴的資源，好好利用。為了奪回時間的掌控權以進行規律小步驟並實現大格局目標，你在第三章辨識了時間陷阱，也立下承諾去克服。有十個行為科學見解幫助你實現對自己的承諾。把這些見解融入到日常生活中，記得觀察它們對你產生什麼影響。

你是獨一無二的個體，不同的人適用不同的方法。如果你嘗試的見解對你有用，那就繼續做下去；沒用的話就停下來。這是試誤學習。

你讀完這本書之後，應該會了解到自己的認知偏誤會妨礙你的規畫和歷程本身。別低估這些偏見帶來的挑戰性，許多偏見由系統一（快腦）無意識地產生。你可能在邏輯上知道自己會有偏見，但很難遏止自動反應。為了解決這個問題，你應該在第四章挑幾個見解運用於大格局旅程，讓它們協助你順利抵達目的地。祝你旅途愉快！

當然，重點不是只有你。在第五章，我們探討了他人的認知偏誤如何擋住你的去路。你應該在乎嗎？我很想說不用去理會，管他們的！但要是抱持偏見和盲點的這個人或這些人，能夠影響你的進展，那該怎麼辦？最好還是面對這個事實，而非讓進展受挫。第五章提供了見解來因應，教你如何避開他人的偏見與盲點。當他人阻礙你前進時，像是害你無法進行規律小步驟或是把重大障礙擺在你面前，你應該回頭參考這些見解。如果你發現自己應付不了，記得向外求援！

我們的環境會直接影響我們的表現、動機、毅力以及當下做出的選擇。行為科學提供的學識見解，告訴我們該如何改變環境才能在大格局旅程走得更踏實。在第六章，我們談了你可以怎麼樣對自己的實體環境做出調整，增加你達成大格局目標的機會。很棒的是，只要你稍微注意空

氣、綠意、光線、溫度、噪音、空間、整潔和顏色，就能創造有利條件。這個章節也談了如何改變環境以杜絕數位干擾——終極的時間陷阱！你現在應該做出了承諾，換個不同方式進行線上溝通。我們揪出了最會讓你分心的事物，並刻意設置你的數位環境，讓你一天只在特定時間使用一個裝置。相信我，這招很有效！

最後我們在第七章分析了磨練韌性的行為科學見解，把重心放在培養韌性以度過日常打擊。磨練韌性對大格局旅程之外的生活也有正面影響力。這項核心生活技能有助於提升快樂程度與心理健康、減少掛病號的日子、激發創新和增進動機。此外，擁有高度韌性讓你更容易從旅程的挫折中站起來（或甚至不會注意到！），繼續邁向你所選擇的目的地。

這六個章節以及其中蘊含的六個關鍵訊息是你的大格局架構。不時回來翻翻這本書，溫習每一章的見解。雖然我寫作的主題是職涯規畫，但這些章節裡的建議也能幫助你追求其他目標。

舉例而言，在你需要為家人、自我照護和社交生活空出更多時間時，有關時間陷阱的第三章便派得上用場；第四章摒除自身偏見的訊息則有助於你了解為什麼自己達不

到設定的健康或財務目標；如果你善用第七章描述的工具來磨練韌性，在人生所有領域都能受用無窮。

我希望這本書的內容幫助你提早實現大格局目標。有意圖地開啟一段職涯歷程令人充滿幹勁。如同我一直強調的，任何結果都是運氣加上努力的產物。所以讓我藉此機會祝福你好運連連！我深信你能持續付出努力，在接下來幾年成為「升級版的我」，同時享受這段旅程！

要記得你在途中遇到的人也正在為他們的理想生活奮鬥，跟你一樣有懷疑、擔憂和痛苦。你遇到他們的當下，不會知道他們正在經歷什麼，他們可能正遭受阻礙或陷入難關；可能被自己或他人的偏見和盲點拖累；可能沒有很強的韌性；可能在**他們的**旅程上需要你的幫忙。

我們已經看過其他人對你完善的計畫可以產生多大的殺傷力，對你遇到的人來說，「**你**」就是「其他人」。因此，當你遇到其他人的時候，稍微停下來，親切地打個招呼花不了多少時間。你總是可以撥空伸出援手，在他人犯錯時發揮耐心，用你期待別人尊重你的方式去尊重他人，慢下腳步並注意四周。在忙碌奔波時，系統一讓我們處於自動駕駛模式能夠表現良好，但也可能錯過其他人需要我們注意的時刻，這些時刻值得我們付出時間。

慢下腳步、注意四周並善待他人。

祝你開啟旅程順利！

你可以透過電子郵件與我聯繫：g.lordan@lse.ac.uk

謝誌

　　俗話說得好，養育一個孩子需舉全村之力。這本書則是舉了全倫敦之力，我衷心感謝所有在倫敦市以及更遠的地方與我分享故事和經歷的所有人。他們的經驗所帶來的學習，幫助我更清楚地了解行為偏見如何影響職涯，以及該怎麼去應對。自從我在2011年來到倫敦之後，有眾多各行各業人士歡迎我進入他們的辦公室和生活中，至今仍令我受寵若驚。謝謝你們信任我、對我述說故事、推動我發展理論並與我建立友誼。

　　謝謝我無與倫比的經紀人麥可‧阿卡克以及他在Johnson & Alcock的同事們。謝謝泰瑞莎‧阿米迪亞協助我在最後一哩路準時完成。謝謝企鵝出版集團（Penguin Life）給我這個機會，以及茱莉亞‧穆爾戴在過程中的種種安排。謝謝我的編輯傑克‧拉姆及莉迪亞‧葉迪默默耕耘，把作品又拉高一個層次。謝謝企鵝出版所有其他優秀

的工作人員為這本書的付出，特別是潔瑪・韋恩。你們為我帶來了再美好不過的經驗。

在倫敦政經學院工作的每一天，我都心懷感恩，這個校園給了我機會認識出類拔萃的人才。我要謝謝多年來支持我的所有同事。時間是我們最寶貴的資源，好多來自各個系所的同事，花了時間與我討論本書的構想，使我受益良多。一名好同事指出，如果感謝名單漏掉了誰，那就麻煩大了，所以我在此利用巴納姆效應給大家一個大大的感謝，「你知道我在說你」。但我要特別謝謝我在世界各地的論文共同作者，督促我不斷進步並完成論文！還有行為科學團隊。能跟你們一起在倫敦政經學院共事是我莫大的榮幸。再來也要提到我的所有學生，尤其是第一批於2019年入學的行為科學理科碩士生，當時我正在寫這本書，同時經歷了新冠肺炎封城。此外，謝謝所有協助我在倫敦政經學院推動包容倡議的同事。

我對我的伴侶基倫感激萬分，他為我的想法提供建議，讀了好多版本的草稿，並從來不令我失望，還連續好幾個月每個週末、每天晚上，在我拚命寫書時為我泡了無數杯茶，謝謝你。愛狗人士會了解為什麼我不能不提到我漂亮的鬥牛犬凱西，牠是完美的吉祥物，跟牠一起散步和

放鬆為我的人生帶來難以衡量的價值。在我進入工作的心流時，牠在旁邊打呼的鼾聲是最理想的背景音樂。

我要將這本書獻給我思念不已的媽媽，她為我鋪了一條充滿機會的道路，總是鼓勵我勇往直前。她在我心目中是個了不起的人。我也要謝謝所有在家鄉科克的親朋好友為我打氣。特別是我的第一個老闆奧利夫‧戴斯蒙，他在多年前讓我看見透過善待他人所展現出來的領導力。還要謝謝爸爸和瑪麗阿姨，沒有你們我寫不出這本書。你們總是歡迎我回家，無論何時都無微不至地照顧我。你們在我的人生中是永恆不變的支持力量，意義非凡，同時也是最溫暖的陪伴。我等不及要見到你們了。

最後，我要謝謝「**你**」。做為讀者，你花了寶貴的時間讀這本書。這是我的榮幸。我希望你真的能夠放大格局、採取小步驟並打造理想職涯。

祝你結尾愉快！

第一章：起點

1 以丹‧吉伯特（Dan Gilbert）等人於2013年在《科學》（*Science*）雜誌上
   發表的研究最為明顯。這個團隊研究了超過一萬九千個人，讓他們回答過
   去十年自己有什麼改變，並預測接下來十年會有何變化。各個年齡層的人
   都一致認為自己過去改變了很多，但預測未來不會有太大變化。請見See J.
   Quoidbach, D. T. Gilbert and T. D. Wilson, 'The end of history illusion', Science
   339/6115 (2013), pp. 96–98.

2 原指高爾夫球中球桿的最佳打擊處，後來泛指最好的著力點，只要找到關
   鍵就可以達到最大的效益。

第二章：目標

1 行為科學讓我們知道大部分的人都想要跟隨群眾正在做的事，這叫「從
   眾」（herding）。因此，我想要藉此機會告訴你，本書80%的讀者都會完
   成這個練習——如此便能利用社會規範，提高你完成練習的可能性。

2 我們甚至可以讓一群隨機挑選的兒童在考數學之前指明這個概念做為介
   入，來思考刻板印象威脅的影響。指明的例子包括一個女孩解不出數學題
   的插圖。一群隨機挑選的考生看了這張圖片，得到強烈的暗示：女生數學
   不好。一項針對二百四十名六歲兒童的研究便採取了這個研究方法。在考
   試或圖片被秀出之前，研究人員蒐集的資料顯示，這群兒童當中的男孩和
   女孩在實際認知上的數學能力並無差異。作者們強調，即使沒有女生數學
   比男生差的先前信念，暴露在刻板印象威脅之下還是會讓女生表現較差。
   請見S. Galdi, M. Cadinu and C. Tomasetto, 'The roots of stereotype threat: When
   automatic associations disrupt girls' math performance', Child Development 85/1
   (2014), pp. 250–263.

3 智慧的遺傳率據估計介於20～60%之間，視樣本的人生階段而定。請見C.
   Haworth et al., 'A twin study of the genetics of high cognitive ability selected from
   11,000 twin pairs in six studies from four countries', Behavior Genetics 39/4 (2009),
   pp. 359–370; R. Plomin and I. J. Deary, 'Genetics and intelligence differences: Five

special findings', Molecular Psychiatry 20/1 (2015), pp. 98–108.

4　估計數字介於33.3~50%。請見D. Lykken and A. Tellegen, 'Happiness is a stochastic phenomenon', Psychological Science 7/3 (1996), pp. 186–189; J. H. Stubbe, D. Posthuma et al., 'Heritability of life satisfaction in adults: A twin-family study', Psychological Medicine 35/11 (2005), pp. 1581–1588; M. Bartels et al., 'Heritability and genome-wide linkage scan of subjective happiness', Twin Research and Human Genetics 13/2, (2010), pp. 135–142; and J.-E. De Neve et al., 'Genes, economics, and happiness', Journal of Neuroscience, Psychology, and Economics 5/4 (2012), pp. 193–211.

5　請見R. Koestner et al., 'Attaining personal goals: Self-concordance plus implementation intentions equals success', Journal of Personality and Social Psychology 83/1 (2002), pp. 231–244, 探討為什麼承諾應該要同時具有挑戰性和可達性。

6　請見Heidi Grant-Halvorson, Reinforcements: How to Get People to Help You (Boston, MA: Harvard Business Review Press, 2018) 完整探討有關尋求幫助的心理學研究並以實驗證據為根據。

7　請見V. K. Bohns, '(Mis)understanding our influence over others: A review of the underestimation-of-compliance effect', Current Directions in Psychological Science 25/2 (2016), pp. 119–123.

8　凡妮莎・波恩斯（Vanessa Bohns）研究了這樣的要求，並在研究中闡明面對面提出要求比寄電子郵件更有可能成功。

9　請見D. A. Newark et al., 'The value of a helping hand: Do help-seekers accurately predict help quality?', Academy of Management Proceedings 2016/1 (2017).

10　一般而言，人們會低估對面要求的成功機率，但高估透過電子郵件得到正面回應的可能性。請見M. M. Roghanizad and V. K. Bohns, 'Ask in person: You're less persuasive than you think over email', Journal of Experimental Social Psychology 69 (2017), pp. 223–226.

11　當我們求助時，基本上是在給別人一個選擇，對方可以答應或拒絕。任何

選擇都有辦法被界定為正面或負面，而界定為正面意味著對方更有可能答應你的要求。相關重要研究請見D. Kahneman and A. Tversky, 'Prospect theory: An analysis of decision under risk', Econometrica 47/2 (1979), pp. 263–291; I. P. Levin et al., 'All frames are not created equal: A typology and critical analysis of framing effects', Organizational Behavior and Human Decision Processes 76/2 (1998), pp. 149–188.

12　請見Y. Ioannides and L. Loury, 'Job information networks, neighborhood effects, and inequality', Journal of Economic Literature 42/4 (2004), pp. 1056–1093,檢視大量證據強調社群網絡對求職的效益。其他將社群網絡與勞動市場結果連結在一起的有力研究還包括P. Bayer et al., 'Place of work and place of residence: Informal hiring networks and labor market outcomes', Journal of Political Economy 116/6 (2008), pp. 1150–1196; and J. Hellerstein et al., 'Neighbors and coworkers: The importance of residential labor market networks', Journal of Labor Economics 29/4 (2011), pp. 659–695.

13　在短時間內，將重點與核心概念展現出來，並成功吸引對方關注的精準傳達。

第三章：時間

1　愛爾蘭語一個很奇怪的時態，表達肯定句的條件語氣，用在可能會或不會發生的事。

2　一些新的實證將社群網絡和較差的心理健康結果連結在一起。例如：花太多時間在社群網站（請見K. W. Mü ller et al., 'A hidden type of internet addiction? Intense and addictive use of social networking sites in adolescents', Computers in Human Behavior 55/A (2016), pp. 172–177）以及接觸到暗示其他人生活都過得比你好的圖片（請見H. G. Chou and N. Edge, "They are happier and having better lives than I am": The impact of using Facebook on perceptions of others' lives', Cyberpsychology, Behavior, and Social Networking 15/2 (2012), pp. 117–121.）

3　即使每分鐘進行時間審查，我還是很難估計不斷查看電子郵件的時間成本。但我可以很肯定地說，不斷查看電子郵件讓我沒有辦法把事情做好——要是我沒有刻意停止做這個動作，一整天下來幾乎完成不了任何事。

4　不再秒讀秒回實際上減少了我的電子郵件流量，因為對方會自討沒趣，我猜他們應該去找其他可以配合的人了吧。

5　個人化介入在行為科學還是一個很新的主題，但有越來越多的文獻強調它在不同生活領域的潛力。舉例而言，基於一個人的行為和情況將回饋個人化已被證明能有效減少吸菸量（請見J. L. Obermayer et al., 'College smoking cessation using cell phone text messaging', Journal of American College Health 53/2 (2004), pp. 71–79; A. L. Stotts et al., 'Ultrasound feedback and motivational interviewing targeting smoking cessation in the second and third trimesters of pregnancy', Nicotine and Tobacco Research 11/8 (2009), pp. 961–968）以及控制糖尿病（有關第二型糖尿病的研究請見J. H. Cho et al., 'Mobile communication using a mobile phone with glucometer for glucose control in Type 2 patients with diabetes: As effective as an internet based glucose monitoring system', Journal of Telemedicine and Telecare 15/2 (2009), pp. 77–82; 有關第一型糖尿病的研究請見A. Farmer et al., 'A real-time, mobile phone-based telemedicine system to support young adults with type 1 diabetes', Informatics in Primary Care 13/3 (2005), pp. 171–178）還有幫助人們在整體方面建立更健康活躍的生活方式（研究範例包含：F. Buttussi et al., Bringing mobile guides and fitness activities together: A solution based on an embodied virtual trainer', Proceedings of the 8th Conference on Human-computer Interaction with Mobile Devices and Services (2006), pp. 29–36; H. O. Chambliss et al., 'Computerized self-monitoring and technology assisted feedback for weight loss with and without an enhanced behavioural component', Patient Education and Counseling 85/3 (2011), pp. 375–382））。英國稅務及海關總署也會定期將信件個人化以確保納稅人準時納稅（請見2012 report from the Cabinet Office's Behavioural Insights Team,

'Applying behavioural insights to reduce fraud, error and debt'.）

6　有些出色的研究探索同儕效應對學業結果的影響，包括S. E. Carrell and M. L. Hoekstra, 'Externalities in the classroom: How children exposed to domestic violence affect everyone's kids', American Economic Journal: Applied Economics 2/1 (2010), pp. 211–228; S. E. Carrell et al., 'Does your cohort matter? Measuring peer effects in college achievement', Journal of Labor Economics 27/3 (2009), pp. 439–464; D. J. Zimmerman, 'Peer effects in academic outcomes: Evidence from a natural experiment', Review of Economics and Statistics 85/1 (2003), pp. 9–23; B. Sacerdote, 'Peer effects with random assignment: Results for Dartmouth roommates', The Quarterly Journal of Economics 116/2 (2001), pp. 681–704.亦有證據顯示同儕效應可能改變其他結果，像是教學品質（C. K. Jackson and E. Bruegmann, 'Teaching students and teaching each other: The importance of peer learning for teachers', American Economic Journal: Applied Economics 1/4 (2009), pp. 85–108）、犯罪傾向（P. Bayer et al., 'Building criminal capital behind bars: Peer effects in juvenile corrections', The Quarterly Journal of Economics 124/1 (2009), pp. 105–147）以及抽大麻和喝酒的可能性（A. E. Clark and Y. Lohéac, '"It wasn't me, it was them!" Social influence in risky behavior by adolescents', Journal of Health Economics 26/4 (2007), pp. 763–784.）

7　請見E. O'Rourke et al., 'Brain points: A growth mindset incentive structure boosts persistence in an educational game', Conference on Human Factors in Computing Systems – Proceedings (2014), pp. 3339–3348.

8　請見J. Aronson et al., 'Reducing the effects of stereotype threat on African American college students by shaping theories of intelligence', Journal of Experimental Social Psychology 38/2 (2002), pp. 113–125; D. Paunesku et al., 'Mindset interventions are a scalable treatment for academic underachievement', Psychological Science 26/6 (2015), pp. 784–793; D. S. Yeager et al., 'Using design thinking to improve psychological interventions: The case of the growth mindset during the transition to high school', Journal of Educational Psychology 108/3

(2016), pp. 374–391.

9　請見G. L. Cohen et al., 'Reducing the racial achievement gap: A social-psychological intervention', Science 313/5791 (2006), pp. 1307–1310.

10　社會學的專有名詞，泛指難以量化的能力與技巧，例如團隊合作、解決問題能力、溝通能力、適應力等。請見J. J. Heckman and T. Kautz, 'Fostering and measuring skills: Interventions that improve character and cognition', (No. 19656) National Bureau of Economic Research (2013); D. Almond et al., 'Childhood circumstances and adult outcomes: Act II', Journal of EconomicLiterature 56/4 (2018), pp. 1360–1446, 以實證證據為基礎，有說服力地論述軟技能在人生任何階段都可以被改變。值得注意的是，作者們也認為軟技能在少年期比認知能力更有可塑性。

11　請見G. M. Walton and G. L. Cohen, 'A brief social-belonging intervention improves academic and health outcomes of minority students', Science 331/6023 (2011), pp. 1447–1451, 利用一個大型大學校園九十二名新鮮人的行政資料。

12　請見A. C. Cooper et al., 'Entrepreneurs' perceived chances for success', Journal of Business Venturing 3/2 (1988), pp. 97–108.

13　在2006年，拉瑟姆（G. P. Latham）和洛克（E. A. Locke）檢視了超過四十年的目標設定研究，斷定一旦一個人對目標做出承諾，擁有明確的目標能提升表現和實現的可能性。

14　請見R. Koestner et al., 'Attaining personal goals' (2002); and E. A. Locke and G. P. Latham, 'Building a practically useful theory of goal setting and task motivation', American Psychologist 57/9 (2002), pp. 705–717.

15　請見E. A. Locke et al., 'Separating the effects of goal specificity from goal level', Organizational Behavior and Human Decision Processes 43/2 (1989), pp. 270–287.

16　與快樂的連結請見Paul Dolan, Happiness by Design: Finding Pleasure and Purpose in Everyday Life (London: Penguin Books, 2014); 與動機的連結請見Emily Esfahani Smith, The Power of Meaning: Crafting a Life That Matters (New

York: Crown, 2017). 與減少壓力與憤世嫉俗的連結請見Kim S. Cameron, Positive Leadership (San Francisco, CA: Berret-Koehler Publishers, 2008); D. Chandler and A. Kapelner, 'Breaking monotony with meaning: Motivation in crowdsourcing markets', Journal of Economic Behavior and Organization 90 (2013), pp. 123–133; and B. D. Rosso et al., 'On the meaning of work: A theoretical integration and review', Research in Organizational Behavior 30/C (2010), pp. 91–127.

17　參考金・卡梅倫（Kim Cameron）在《正向領導》（*Positive Leadership*）提出的架構。

18　請見R. Koestner et al., 'Attaining personal goals' (2002), 強調人們看見自己的進步會表現得更好。

19　舉例而言，請見N. Rothbard and S. Wilk, 'Waking up on the right or wrong side of the bed: Start-of-workday mood, work events, employee affect, and performance', Academy of Management Journal 54/5 (2011), pp. 959–980. 這項研究考量每日起始工作心情，並檢視它對客服中心員工的影響。作者們提供了清楚的證據顯示，員工的起始工作心情會大幅影響績效品質以及員工如何面對顧客。要記住你的心情會扭曲你的看法和行動，雖然你無法時時控制情緒，但可以在諸事不順時更敏銳地去自我覺察。

20　折衷效應在行銷方面已經充分被研究，對於購買決策有很好的解釋。它暗示如果你買東西時有三個選項，大部分的人會選擇中間價位的商品。例子請見A. Chernev, 'Context effects without a context: Attribute balance as a reason for choice', Journal of Consumer Research 32/2 (2005), pp. 213–223; N. Novemsky et al., 'Preference fluency in choice', Journal of Marketing Research 44/3 (2007), pp. 347–356; U. Khan et al., 'When trade-offs matter: The effect of choice construal on context effects', Journal of Marketing Research 48/1 (2011), pp. 62–71.如果人類在做購買決策時偏好中間選項，那麼做時間配置時會偏好中間選項也不意外。搞不好你有隱藏的金髮女孩人格，這個做法能讓你達到恰恰好的工作量！（編按：「金髮女孩」源自英國童話《三隻小熊》，故事中的金髮女

孩偷吃了三碗不同溫度的粥，偷坐了三把不同硬度的椅子，偷睡了三張不同高度的床，由此故事衍伸出「不多不少，恰到好處」的原則。）

21　請見Richard H. Thaler and Cass R. Sunstein, Nudge: Improving Decisions about Health, Wealth, and Happiness (New Haven, CT: Yale University Press, 2008); J. Bhattacharya et al., 'Nudges in exercise commitment contracts: A randomized trial', NBER Working Paper Series 21406 (2015); and K. Volpp et al., 'Financial incentive-based approaches for weight loss: A randomized trial', JAMA 300/22 (2008), pp. 2631–2637.

第四章：內在認同

1　沒錯，我們行為科學家對所有問題都能給出答案！你不相信我們的理論？那你一定有偏見！很方便吧？

2　請見Scott Page, The Diversity Bonus: How Great Teams Pay Off in the Knowledge Economy (Princeton, NJ: Princeton University Press, 2017).

3　請見R. Stinebrickner and T. R. Stinebrickner, 'What can be learned about peer effects using college roommates? Evidence from new survey data and students from disadvantaged backgrounds', Journal of Public Economics 90/8-9 (2006), pp. 1435–1454.

4　請見S. Pinchot et el., 'Are surgical progeny more likely to pursue a surgical career?' Journal of Surgical Research 147/2 (2008), pp. 253–259, 闡明醫生的職業繼承；V. Scoppa, 'Intergenerational transfers of public sector jobs: A shred of evidence on nepotism', Public Choice 141/1 (2009), pp. 167–188, 檢視公部門職業；B. Feinstein, 'The dynasty advantage: Family ties in congressional elections', Legislative Studies Quarterly 35/4 (2010), pp. 571–598, 考量美國政府職位；L. Chen et al., 'Following (not quite) in your father's footsteps: Task followers and labor market outcomes', MPRA Paper 76041 (2017), 強調孩子會選擇跟父母類似的工作。

5　請見R. Brooks et al., 'Deal or no deal, that is the question: The impact of increasing stakes and framing effects on decision-making under risk', International Review of Finance 9/1-2 (2009), pp. 27–50, and J. Watson and M. McNaughton, 'Gender differences in risk aversion and expected retirement benefits', Financial Analysts Journal 63/4 (2007), pp. 52–62, 提供性別方面的證據；C. C. Bertaut, 'Stockholding behavior of US households: Evidence from the 1983–1989 Survey of Consumer Finances', Review of Economics and Statistics 80/2 (1998), pp. 263–275, and K. L. Shaw, 'An empirical analysis of risk aversion and income growth', Journal of Labor Economics 14/4 (1996), pp. 626–653, 提供教育程度方面的證據；J. Sung and S. Hanna, 'Factors related to risk tolerance', Journal of Financial Counseling and Planning 7 (1996), pp. 11–19, and D. A. Brown, 'Pensions and risk aversion: The influence of race, ethnicity, and class on investor behavior', Lewis & Clark Law Review 11/2 (2007), pp. 385–406, 提供美國種族落差方面的證據；W. B. Riley and K. V. Chow, 'Asset allocation and individual risk aversion', Financial Analysts Journal 48/6 (1992), pp. 32–37, and R. A. Cohn et al., 'Individual investor risk aversion and investment portfolio composition', The Journal of Finance 30/2 (1975), pp. 605–620, 提供貧富差異方面的證據。

6　請見P. Brooks and H. Zank, 'Loss averse behavior', Journal of Risk and Uncertainty 31/3 (2005), pp. 301–325; and U. Schmidt and S. Traub, 'An experimental test of loss aversion', Journal of Risk and Uncertainty 25/3 (2002), pp. 233–249.

7　請見M. Mayo, 'If humble people make the best leaders, why do we fall for charismatic narcissists?' Harvard Business Review (7 April 2018).

8　請見John Annett, Feedback and Human Behaviour: The Effects of Knowledge of Results, Incentives and Reinforcement on Learning and Performance (Harmondsworth, Middlesex: Penguin Books, 1969) and Albert Bandura, Principles of Behavior Modification (New York, London: Holt, Rinehart and Winston, 1969).

9　請見A. Kluger and A. DeNisi, 'The effects of feedback interventions on performance: A historical review, a meta-analysis, and a preliminary feedback intervention theory', Psychological Bulletin 119/2 (1996), pp. 254–284. 此整合分

析包含了檢視績效回饋效應的23663個觀測值，其中有相關的607個效果量。

10 請見V. Tiefenbeck et al., 'Overcoming salience bias: How real-time feedback fosters resource conservation', Management Science 64/3 (March 2013), pp. 1458– 1476, 強調即時回饋能改變大量的資源消耗。

11 請見T. Gilovich et al., 'The spotlight effect in social judgment: An egocentric bias in estimates of the salience of one's own actions and appearance', Journal of Personality and Social Psychology 78/2 (2000), pp. 211–222.

12 有關這兩個偏誤的深入探討請見J. Baron and I. Ritov, 'Omission bias, individual differences, and normality', Organizational Behavior and Human Decision Processes 94/2 (2004), pp. 74–85.

13 例子請見I. M. Davison and A. Feeney, 'Regret as autobiographical memory', Cognitive Psychology 57/4 (2008), pp. 385–403; T. Gilovich et al., 'Varieties of regret: A debate and partial resolution', Psychological Review 105/3 (1998), pp. 602–605; M. Morrison and N. Roese, 'Regrets of the typical American: Findings from a nationally representative sample', Social Psychological and Personality Science 2/6 (2011), pp. 576–583.

14 請見S. Davidai and T. Gilovich, 'The ideal road not taken: The self-discrepancies involved in people's most enduring regrets', Emotion 18/3 (2018), pp. 439–452.

15 例子請見D. M. Tice et al., 'Restoring the self: Positive affect helps improve self-regulation following ego depletion', Journal of Experimental Social Psychology 43/3 (2007), pp. 379–384.

第五章：外在影響

1 又稱為投資天使（Business Angel），指在公司草創時期，最需要資金時提供支持的投資人。

2 我也想自己選一個人，但我不希望孤立特定族群的讀者。

3 請見S. J. Solnick, 'Gender differences in the ultimatum game', Economic Inquiry

39/2 (2001), pp. 189–200; C. Eckel et al., 'Gender and negotiation in the small: Are women (perceived to be) more cooperative than men?', Negotiation Journal 24/4 (2008), pp. 429–445.

4　請見S. Davidai and T. Gilovich, 'The ideal road not taken: The self-discrepancies involved in people's most enduring regrets', Emotion 18/3 (2018), pp. 439–452.

5　「長得像隻鴨，走路像隻鴨，叫聲像隻鴨，那麼牠應該就是鴨。」一種歸納推理，俗稱「鴨子測試」。

6　在英國，男性和女性創業家的比例約為十比五。澳洲、美國和加拿大的比例稍微好一點，為十比六。在英國（請見The Alison Rose Review of Female Entrepreneurship, 2019），所有創投資金當中僅有百分之一由女性組成的創業團隊取得，抑制了規模擴大（請見British Business Bank, Diversity VC, and BVCA, UK VC & Female Founders report, February 2019）

7　若家庭夫妻皆為雙薪，受到社會傳統性別角色的影響，太太往往會比先生負擔更多的家務或擔任照顧者的工作，在勞動市場也會因此而受到制約。

8　請見D. O'Brien et al., 'Are the creative industries meritocratic? An analysis of the 2014 British Labour Force Survey', Cultural Trends 25/2 (2016), pp. 116–131, 說明勞工階級的人在創意產業代表性不足。另外S. Friedman et al., '"Like skydiving without a parachute": How class origin shapes occupational trajectories in British acting', Sociology 51/5 (2017), pp. 992–1010, 在演藝界也得到了類似結論。

9　請見J. Miller, 'Tall poppy syndrome (Canadians have a habit of cutting their female achievers down)', Flare 19/4 (1997), pp. 102–106; P. McFedries, 'Tall poppy syndrome dot-com', IEEE Spectrum 39/12 (2002), p. 68; H. Kirwan-Taylor, 'Are you suffering from tall poppy syndrome', Management Today 15 (2006); J. Kirkwood, 'Tall poppy syndrome: Implications for entrepreneurship in New Zealand', Journal of Management and Organization 13/4 (2007), pp. 366–382.

10　研究顯示，有創投支持的新創事業比沒有創投支持的新創企業表現更佳。請見W. L. Megginson and K. A. Weiss, 'Venture capitalist certification in initial public offerings', The Journal of Finance 46/3 (1991), pp. 879–903; Jeffry A.

Timmons, New Venture Creation: Entrepreneurship for the 21st Century (Boston, MA: Irwin/McGraw-Hill, 1999).

11 有關團體迷思的實驗和觀察研究精彩摘要，請見Cass Sunstein and Reid Hastie, Wiser: Getting Beyond Groupthink to Make Groups Smarter (Boston, MA: Harvard Business Review Press, 2015).

12 請見W. Bruine de Bruin, 'Save the last dance for me: Unwanted serial position effects injury evaluations', Acta Psychologica 118/3 (2005), pp. 245–260, 提供花式滑冰和《歐洲歌唱大賽》（Eurovision）的證據；L. Page and K. Page, 'Last shall be first: A field study of biases in sequential performance evaluation on the Idol series', Journal of Economic Behavior and Organization 73/2 (2010), pp. 186–198, 提供電視才藝比賽的證據。

13 更多有關比賽順序的詳細見解請見F. B. Gershberg and A. P. Shimamura, 'Serial position effects in implicit and explicit tests of memory', Journal of Experimental Psychology: Learning, Memory, and Cognition 20/6 (1994), pp. 1370–1378; N. Burgess and G. J. Hitch, 'Memory for serial order: A network model of the phonological loop and its timing', Psychological Review 106/3 (1999), pp. 551–581.

14 指具共同利益關係的一群人，成員間具歸屬感且密切結合，類似小圈子或自己人。

15 W. S. Harvey, 'Strong or weak ties? British and Indian expatriate scientists finding jobs in Boston', Global Networks 8/4 (2008), pp. 453–473, 指出強和弱的連結都能讓英國和印度移民科學家在求職時受惠；D. Z. Levin and R. Cross, 'The strength of weak ties you can trust: The mediating role of trust in effective knowledge transfer', Management Science 50/11 (2004), pp. 1477–1490, 顯示強和弱的連結在公司內部的知識轉移中都扮演獨立的角色；D. W. Brown and A. M. Konrad, 'Granovetter was right: The importance of weak ties to a contemporary job search', Group and Organization Management 26/4 (2001), pp. 434–462, 說明弱的連結在求職和薪資方面有哪些效益勝於強的連結，這個典型化事實亦可見於V. Yakubovich, 'Weak ties, information, and influence: How

workers find jobs in a local Russianlabor market', American Sociological Review 70/3 (2005), pp. 408–421; T. Elfring and W. Hulsink, 'Networks in entrepreneurship: The case of high-technology firms', Small Business Economics 21/4 (2003), pp. 409–422, 強調弱的連結為崛起的科技業創業家帶來的收穫。

16 如果你對這個主題有興趣，以下論文出色地闡述女性在經濟學的處境為何比在其他領域更艱難。請見S. Lundberg and J. Stearns, 'Women in economics: Stalled progress', Journal of Economic Perspectives 33/1 (2019), pp. 3–22.

17 LGBTQ+指的是「女同性戀者（Lesbian）」、「男同性戀者（Gay）」、「雙性戀者（Bisexual）」、「跨性別者（Transgender）」和「酷兒（queer）」等不同性別認同群體的英文縮寫，「+」則是plus，意為持續增加中的意思。

第六章：環境

1 我認識最常這麼說的人是倫敦政經學院的保羅・多蘭（Paul Dolan）教授。事實上，行為科學主管級碩士班「脈絡很重要」學生獎項之所以會取這個名稱就是因為他教學時總愛把這句話掛在嘴邊。在行為科學文獻中，有許多證據顯示出它具有份量。例如：探討環境可以如何被用來改變健康相關行為，請見G. J. Hollands et al., 'The TIPPME intervention typology for changing environments to change behavior', Nature Human Behaviour 1 (2017).

2 請見A. North et al., 'The influence of in-store music on wine selections', Journal of Applied Psychology 84/2 (1999), pp. 271–276.

3 E. M. Altmann et al., 'Momentary interruptions can derail the train of thought', Journal of Experimental Psychology: General 143/1 (2014), pp. 215–226, 在一場實驗室實驗中，發現少於3秒的干擾打斷了以序列為基礎的認知任務並造成較多錯誤；G. Carlton and M. A. Blegen, 'Medication-related errors: A literature review of incidence and antecedents', Annual Review of Nursing Research 24/1 (2006), pp. 19–38, 將醫院的干擾與藥物相關錯誤連結在一起；A. Mawson, 'The workplace and its impact on productivity', Advanced Workplace Associates,

London 1 (2012), pp. 1–12, 認為分心使人脫離心流狀態。

4　干擾被認為會導致較低的工作滿意度（有關護士的研究請見B. D. Kirkcaldy and T. Martin, 'Job stress and satisfaction among nurses: Individual differences', Stress Medicine 16/2 (2000), pp. 77–89）、較高的易怒程度（有關客服專員的研究請見S. Grebner et al., 'Working conditions, well-being, and job-related attitudes among call centre agents', European Journal of Work and Organizational Psychology 12(4) (2003), pp. 341–365）甚至憂鬱症（有關家庭醫生的研究請見U. Rout et al., 'Job stress among British general practitioners: Predictors of job dissatisfaction and mental ill-health', Stress Medicine 12/3 (1996), pp. 155–166.）

5　有關通風與生產力之間的連結請見P. Wargocki et al., 'The effects of outdoor air supply rate in an office on perceived air quality, Sick Building Syndrome (SBS) symptoms and productivity', Indoor Air 10/4 (2000), pp. 222–236; 有關冷氣與疾病之間的連結請見P. Preziosi et al., 'Workplace air-conditioning and health services attendance among French middle-aged women: A prospective cohort study', International Journal of Epidemiology 33/5 (2004), pp. 1120–1123.

6　有關室內植栽如何在辦公室增加注意力的研究請見R. K. Raanaas et al., 'Benefits of indoor plants on attention capacity in an office setting', Journal of Environmental Psychology 31/1 (2011), pp. 99–105.

7　請見M. Mu ̈nch et al., 'Effects of prior light exposure on early evening performance, subjective sleepiness, and hormonal secretion', Behavioral Neuroscience 126/1 (2012), pp. 196–203; S. Joshi, 'The sick building syndrome', Indian Journal of Occupational and Environmental Medicine 12/2 (2008), p. 61; V. I. Lohr et al., 'Interior plants may improve worker productivity and reduce stress in a windowless environment', Journal of Environmental Horticulture 14/2 (1996), pp. 97–100.

8　又名艙熱症，指長時間處於密閉室內空間，所產生的不安或焦慮等情緒。

9　將創意和昏暗光線連結在一起的論文請見A. Steidle and L. Werth, 'Freedom from constraints: Darkness and dim illumination promote creativity', Journal of

Environmental Psychology 35 (2013), pp. 67–80; 探討明亮光線和專心的研究請見H. Mukae and M. Sato, 'The effect of color temperature of lighting sources on the autonomic nervous functions', The Annals of Physiological Anthropology 11/5 (1992), pp. 533–538.

10　請見L. Lan et al., 'Neurobehavioral approach for evaluation of office workers' productivity: The effects of room temperature', Building and Environment 44/8 (2009), pp. 1578–1588; L. Lan et al., 'Effects of thermal discomfort in an office on perceived air quality, SBS symptoms, physiological responses, and human performance', Indoor Air 21/5 (2011), pp. 376–390.

11　請見H. Jahncke et al., 'Open-plan office noise: Cognitive performance and restoration', Journal of Environmental Psychology 31/4 (2011), pp. 373–382.

12　請見S. Banbury and D. C. Berry, 'Disruption of office-related tasks by speech and office noise', British Journal of Psychology 89/3 (1998), pp. 499–517.

13　請見P. Barrett et al., 'The impact of classroom design on pupils' learning: Final results of a holistic, multi-level analysis', Building and Environment 89 (2015), pp. 118–133.

14　請見A. S. Soldat et al., 'Color as an environmental processing cue: External affective cues can directly affect processing strategy without affecting mood', Social Cognition 15/1 (1997), pp. 55–71; R. Mehta and R. Zhu, 'Blue or red? Exploring the effect of color on cognitive task performances', Science 323/5918 (2009), pp. 1226–1229; S. Lehrl et al., 'Blue light improves cognitive performance', Journal of Neural Transmission 114/4 (2007), pp. 457–460; Z. O'Connor, 'Colour psychology and colour therapy: Caveat emptor', Color Research & Application 36/3 (2011), pp. 229–234.

15　有關紅、藍色研究的綜述請見Mehta and Zhu, 'Blue or red?' (2009).

16　請見K. W. Jacobs and J. F. Suess, 'Effects of four psychological primary colors on anxiety state', Perceptual and Motor Skills 41(1) (1975), pp. 207–210. 他們考量了紅色、黃色、綠色和藍色對焦慮程度的影響，發現較高的焦慮分數與紅色和黃色相關，藍色和綠色則與較低的分數相關。另見A. Al-Ayash et al., 'The influence of color on student emotion, heart rate, and performance in learning environments', Color Research and Application 41/2 (2016), pp. 196–205, 說明藍色比紅色和黃色更能讓人平靜。

17 請見Al-Ayash et al., 'The influence of color' (2016). 他們研究了六種顏色──鮮紅、鮮藍、鮮黃、淡紅、淡藍、淡黃──如何對學生在私人讀書空間進行閱讀任務的表現產生影響。

18 有關紅、藍色研究的綜述請見Mehta and Zhu, 'Blue or red?' (2009).

第七章：韌性

1 請見D. Laibson and J. List, 'Principles of (behavioral) economics', American Economic Review 105/5 (2015), pp. 385–390, 舉出一些巧妙的行為科學小知識來鼓勵這個科目在課堂上的創新教學。

2 A. Killen and A. Macaskill, 'Using a gratitude intervention to enhance well-being in older adults', Journal of Happiness Studies 16/4 (2015), pp. 947–964, 將心存感恩與較高的自尊連結在一起；F. Gander et al., 'Strength-based positive interventions: Further evidence for their potential in enhancing well-being and alleviating depression', Journal of Happiness Studies 14/4 (2013), pp. 1241–1259, 將感恩與較低的憂鬱連結在一起；M. E. P. Seligman et al., 'Positive psychology progress: Empirical validation of interventions', American Psychologist 60/5 (2005), pp. 410–421, 將感恩與較高的快樂連結在一起。

3 請見N. Ashraf et al., 'Losing prosociality in the quest for talent? Sorting, selection, and productivity in the delivery of public services', LSE Research Online Documents on Economics 88175, London School of Economics and Political Science, LSE Library (2018).

4 在跨世代流動（intergenerational mobility）方面，我和保羅‧多蘭的共同研究顯示出向下流動對生活滿意度和心理健康的損害遠大於向上流動對這些生活領域的提升。這些結論來自於研究1970年英國世代調查（British Cohort Study）這個很棒的英國資料集，它針對1970年出生的嬰兒進行持續

一生的研究。

5　請見P. Grossman et al., 'Mindfulness-based stress reduction and health benefits: A meta-analysis', Journal of Psychosomatic Research 57/1 (2004), pp. 35–43, 結合了幾項研究顯示正念減壓療法的健康益處；更近期的研究請見M. Goyal et al., 'Meditation programs for psychological stress and well-being: A systematic review and meta-analysis', JAMA Internal Medicine 174/3 (2014), pp. 357–368. 這項整合分析包含四十七個隨機化試驗，凸顯出焦慮、憂鬱和痛苦改善的中等證據（moderate evidence），但對心情、注意力、物質使用、飲食行為、睡眠品質或體重則沒有影響。

6　G. Bonanno, 'Loss, trauma, and human resilience: Have we underestimated the human capacity to thrive after extremely aversive events?', American Psychologist 59/1 (2004), pp. 20–28, 強調耐力是培養韌性的途徑；S. Maddi, 'The story of hardiness: Twenty years of theorizing, research, and practice', Consulting Psychology Journal: Practice and Research 54/3 (2002), pp. 173–185, 顯示耐力能提升面對日常壓力源和所需的韌性；M. E. P. Seligman, 'Building resilience', Harvard Business Review 89/4 (2011), pp. 100–106, 指出讓心靈更堅強是增加韌性的方法。

7　請見B. Smith et al., 'The brief resilience scale: Assessing the ability to bounce back', International Journal of Behavioral Medicine 15/3 (2008), pp. 194–200, 說明韌性與社交關係、身體健康及心理健康呈現正相關；Q. Gu and C. Day, 'Teachers' resilience: A necessary condition for effectiveness', Teaching and Teacher Education 23/8 (2007), pp. 1302–1316, 證明韌性使教師更有動機也更投入；L. Abramson et al., 'Learned helplessness in humans: Critique and reformulation', Journal of Abnormal Psychology 87/1 (1978), pp. 49–74, 強調大學生的創新思維和韌性具有相關性。

第八章：歷程

1　在同一個級別的職務上調動，也許是負責較為重要的工作岡位。

書籍

- Annett, John, *Feedback and Human Behaviour: The Effects of Knowledge of Results, Incentives and Reinforcement on Learning and Performance* (Harmondsworth, Middlesex: Penguin Books, 1969).
- Bandura, Albert, *Principles of Behavior Modification* (New York, London: Holt, Rinehart and Winston, 1969).
- Cameron, Kim S., *Positive Leadership* (San Francisco, CA: Berret-Koehler Publishers, 2008).
- Csikszentmihalyi, Mihaly, *Flow: The Psychology of Optimal Experience* (New York: Harper Perennial, 2008).
- Dolan, Paul, *Happiness by Design: Finding Pleasure and Purpose in Everyday Life* (London: Penguin Books, 2014).
- Dolan, Paul, *Happy Ever After: Escaping the Myth of the Perfect Life* (London: Allen Lane, 2019).
- Dweck, Carol S., *Mindset: The New Psychology of Success* (New York: Random House, 2006).
- Gladwell, Malcolm, *Outliers: The Story of Success* (New York: Little, Brown and Company, 2008).
- Grant-Halvorson, Heidi, *Reinforcements: How to Get People to Help You* (Boston, MA: Harvard Business Review Press, 2018).
- Hochschild, Arlie Russell, and Anne Machung, *The Second Shift: Working Parents and the Revolution at Home* (New York: Viking, 1989).
- Kahneman, Daniel, *Thinking, Fast and Slow* (London: Allen Lane, 2011).
- Knapp, Jake, and John Zeratsky, *Make Time: How to Focus on What Matters Every Day* (New York: Currency, 2018).
- Page, Scott E., *The Diversity Bonus: How Great Teams Pay Off in the Knowledge Economy* (Princeton, NJ: Princeton University Press, 2017).
- Smith, Emily Esfahani, *The Power of Meaning: Crafting a Life That Matters* (New York: Crown, 2017).
- Sunstein, Cass, and Reid Hastie, *Wiser: Getting Beyond Groupthink to Make Groups Smarter* (Boston, MA: Harvard Business Review Press, 2015).

- Thaler, Richard H., and Cass R. Sunstein, *Nudge: Improving Decisions about Health, Wealth, and Happiness* (New Haven, CT: Yale University Press, 2008).
- Timmons, Jeffry A., *New Venture Creation: Entrepreneurship for the 21st Century* (Boston, MA: Irwin/McGraw-Hill, 1999).
- Tracy, Brian, *Eat That Frog!: Get More of the Important Things Done Today* (London: Hodder Paperbacks, 2013).
- Walker, Matthew P., *Why We Sleep: Unlocking the Power of Sleep and Dreams* (New York: Scribner, 2017).

文章與論文

- Abramson, L., M. Seligman and J. T easdale, 'Learned helplessness in humans: Critique and reformulation', Journal *of Abnormal Psychology* 87/1 (1978), pp. 49–74. https://psycnet.apa.org/record/1979-00305-001
- Al-Ayash, A., R. T. Kane, D. Smith and P. Green-Armytage, 'The influence of color on student emotion, heart rate, and performance in learning environments', *Color Research and Application* 41/2 (2016), pp. 196–205. https://doi.org/10.1002/col.21949307
- Almond, D., J. Currie and V. Duque, 'Childhood circumstances and adult outcomes: Act II', *Journal of Economic Literature* 56/4 (2018), pp. 1360–1446. https://doi.org/10.1257/jel.20171164
- Altmann, E. M., J. G. Trafton and D. Z. Hambrick, 'Momentary interruptions can derail the train of thought', *Journal of Experimental Psychology: General* 143/1 (2014), pp. 215–226. https://doi.org/10.1037/a0030986
- Aronson, J., C. B. Fried and C. Good, 'Reducing the effects of stereotype threat on African American college students by shaping theories of intelligence', *Journal of Experimental Social Psychology* 38/2 (2002), pp. 113–125. https://doi.org/10.1006/jesp.2001.1491
- Ashraf, Nava, Oriana Bandiera and Scott Lee, 'Losing prosociality in the quest for talent? Sorting, selection, and productivity in the delivery of public services', LSE Research Online Documents on Economics 88175, London School of Economics

and Political Science, LSE Library (2018). http://eprints.lse.ac.uk/88175

· Banbury, S., and D. C. Berry, 'Disruption of office-related tasks by speech and office noise', *British Journal of Psychology* 89/3 (1998), pp. 499–517. https://doi.org/10.1111/j.2044-8295.1998.tb02699.x

· Baron, J., and I. Ritov, 'Omission bias, individual differences, and normality', *Organizational Behavior and Human Decision Processes* 94/2 (2004), pp. 74–85. https://doi.org/10.1016/j.obhdp.2004.03.003

· Barrett, P., F. Davies, Y. Zhang and L. Barrett, 'The impact of classroom design on pupils' learning: Final results of a holistic, multi-level analysis', *Building and Environment* 89 (2015), pp. 118–133. https://doi.org/10.1016/j.buildenv.2015.02.013

· Bartels, M., V. Saviouk, M. H. M. de Moor, G. Willemsen, T. C. E. M. van Beijsterveldt, J.-J. Hottenga, E. J. C. de Geus and D. I. Boomsma, 'Heritability and genome-wide linkage scan of subjective happiness', *Twin Research and Human Genetics* 13/2 (2010), pp. 135–142. https://doi.org/10.1375/twin.13.2.135

· Baum, J. A. C., and B. S. Silverman, 'Picking winners or building them? Alliance, intellectual, and human capital as selection criteria in venture financing and performance of biotechnology startups', *Journal of Business Venturing* 19/3 (2004), pp. 411–436. https://doi.org/10.1016/S0883-9026(03)00038-7

· Bayer, P., R. Hjalmarsson and D. Pozen, 'Building criminal capital behind bars: Peer effects in juvenile corrections', *The Quarterly Journal of Economics* 124/1 (2009), pp. 105–147. https://doi.org/10.1162/qjec.2009.124.1.105

· Bayer, P., S. Ross and G. Topa, 'Place of work and place of residence: Informal hiring networks and labor market outcomes', *Journal of Political Economy* 116/6 (2008), pp. 1150–1196. https://doi.org/10.1086/595975

· Becker, S. O., A. Fernandes and D. Weichselbaumer, 'Discrimination in hiring based on potential and realized fertility: Evidence from a large-scale field experiment', *Labour Economics* 59 (2019), pp. 139–152. https://doi.org/10.1016/j.labeco. 2019.04.009

· Behavioural Insights Team, 'Applying behavioural insights to reduce fraud, error, and debt', Cabinet Office (2012). http://www.behaviouralinsights.co.uk/wp-content/uploads/2015/07/BIT_FraudErrorDebt_accessible.pdf

- Bertaut, C. C., 'Stockholding behavior of US households: Evidence from the 1983–1989 Survey of Consumer Finances', *Review of Economics and Statistics* 80/2 (1998), pp. 263–275. https://doi.org/10.1162/003465398557500
- Bertrand, M., and S. Mullainathan, 'Are Emily and Greg more employable than Lakisha and Jamal? A field experiment on labor market discrimination', *American Economic Review* 94/4 (2004), pp. 991–1013. https://doi.org/10.1257/0002828042002561
- Bhattacharya, J., A. Garber and J. Goldhaber-Fiebert, 'Nudges in exercise commitment contracts: A randomized trial', *NBER Working Paper Series* 21406 (2015). Retrieved from: https://www.nber.org/papers/w21406
- Bohns, V. K., '(Mis)understanding Our Influence Over Others: A review of the underestimation-of-compliance effect', *Current Directions in Psychological Science* 25/2 (2016), pp. 119–123. https://doi.org/10.1177/0963721415628011
- Bohns, V. K., and F. J. Flynn, '"Why Didn't You Just Ask?" Underestimating the discomfort of help-seeking', *Journal of Experimental Social Psychology* 46/2 (2010), pp. 402–409. https://doi.org/10.1016/j.jesp.2009.12.015
- Bonanno, G., 'Loss, trauma, and human resilience: Have we underestimated the human capacity to thrive after extremely aversive events?', *American Psychologist* 59/1 (2004), pp. 20–28. https://doi.org/10.1037/0003-066X.59.1.20
- British Business Bank, Diversity VC and BVCA, *UK VC & Female Founders* (2019). https://www.british-business-bank.co.uk/wp-content/uploads/2019/02/British-Business-Bank-UK-Venture-Capital-and-Female-Founders-Report.pdf
- Brooks, P., and H. Zank, 'Loss averse behavior', *Journal of Risk and Uncertainty* 31/3 (2005), pp. 301–325. https://doi.org/10.1007/s11166-005-5105-7
- Brooks, R., R. Faff, D. Mulino and R. Scheelings, 'Deal or no deal, that is the question: The impact of increasing stakes and framing effects on decision-making under risk', *International Review of Finance* 9/1-2 (2009), pp. 27–50. https://doi.org/10.1111/j.1468-2443.2009.01084.x
- Brown, D. A., 'Pensions and risk aversion: The influence of race, ethnicity, and class on investor behavior', *Lewis & Clark Law Review* 11/2 (2007), pp. 385–406.
- Brown, D. W., and A. M. Konrad, 'Granovetter was right: The importance of weak ties to a contemporary job search', *Group and Organization Management* 26/4 (2001),

pp. 434–462. https://doi.org/10.1177/1059601101264003310
- Bruine de Bruin, W., 'Save the last dance for me: Unwanted serial position effects injury evaluations', *Acta Psychologica* 118/3 (2005), pp. 245–260. https://doi.org/10.1016/j.actpsy.2004.08.005
- Burgess, N., and G. J. Hitch, 'Memory for serial order: A network model of the phonological loop and its timing', *Psychological Review* 106/ (1999), pp. 551–581. https://doi.org/10.1037/0033-295X.106.3.551
- Buttussi, F., L. Chittaro and D. Nadalutti, 'Bringing mobile guides and fitness activities together: A solution based on an embodied virtual trainer', *Proceedings of the 8th Conference on Human-computer Interaction with Mobile Devices and Services* (2006), pp. 29–36. https://doi.org/10.1145/1152215.1152222
- Carlton, G., and M. A. Blegen, 'Medication-related errors: A literature review of incidence and antecedents', *Annual Review of Nursing Research* 24/1 (2006), pp. 19–38. https://doi.org/10.1891/0739-6686.24.1.19
- Carrell, S. E., and M. L. Hoekstra, 'Externalities in the classroom: How children exposed to domestic violence affect everyone's kids', *American Economic Journal: Applied Economics* 2/1 (2010), pp. 211–228. https://doi.org/10.1257/app.2.1.211
- Carrell, S. E., R. F. Fullerton and J. E. West, 'Does your cohort matter? Measuring peer effects in college achievement', *Journal of Labor Economics* 27/3 (2009), pp. 439–464. https://www.journals.uchicago.edu/doi/abs/10.1086/6000143?journalCode=jole
- Chambliss, H. O., R. C. Huber, C. E. Finley, S. O. McDoniel, H. Kitzman-Ulrich and W. J. Wilkinson, 'Computerized self-monitoring and technology assisted feedback for weight loss with and without an enhanced behavioural component', *Patient Education and Counseling* 85/3 (2011), pp. 375–382. https://doi.org/10.1016/j.pec.2010.12.024
- Chandler, D., and A. Kapelner, 'Breaking monotony with meaning: Motivation in crowdsourcing markets', *Journal of Economic Behavior and Organization* 90 (2013), pp. 123–133. https://www.sciencedirect.com/science/article/abs/pii/S016726811300036X
- Chen, L., J. Gordanier and O. D. Ozturk, 'Following (not quite) in your father's footsteps: Task followers and labor market outcomes', MPRA Paper 76041 (2017).

http://dx.doi.org/ 10.2139/ssrn.2894978

· Chernev, A., 'Context effects without a context: Attribute balance as a reason for choice', *Journal of Consumer Research* 32/2 (2005), pp. 213–223. https://doi.org/10.1086/432231

· Cho, J. H., H. C. Lee, D. J. Lim, H. S. Kwon and K. H. Yoon, 'Mobile communication using a mobile phone with glucometer for glucose control in Type 2 patients with diabetes: As effective as an internet based glucose monitoring system', *Journal of Telemedicine and Telecare* 15/2 (2009), pp. 77–82. https://doi.org/10.1258/jtt.2008.080412

· Chou, H. G., and N. Edge, '"They are happier and having better lives than I am": The impact of using Facebook on perceptions of others' lives', *Cyberpsychology, Behavior, and Social Networking* 15/2 (2012), pp. 117–121. https://doi.org/10.1089/cyber.2011.0324

· Clark, A. E., and Y. Lohéac, '"It wasn't me, it was them!" Social influence in risk behavior by adolescents', *Journal of Health Economics* 26/4 (2007), pp. 763–784. https://doi.org/10.1016/j.jhealeco.2006.11.005

· Cohen, G. L., J. Garcia, N. Apfel and A. Master, 'Reducing the racial achievement gap: A social-psychological intervention', *Science* 313/5791 (2006), pp. 1307–1310. https://doi.org/10.1126/science.1128317

· Cohn, R. A., W. G. Lewellen, R. C. Lease and G. G. Schlarbaum, 'Individual investor risk aversion and investment portfolio composition', *The Journal of Finance* 30/2 (1975), pp. 605–620. https://doi.org/10.1111/j.1540-6261.1975.tb01834.x

· Cooper, A. C., C. Y. Woo and W. C. Dunkelberg, 'Entrepreneurs' perceived chances for success', *Journal of Business Venturing* 3/2 (1988), pp. 97–108. https://doi.org/10.1016/0883-9026(88)90020-1

· Cucina, J., M. Vasilopoulos and N. Sehgal, 'Personality-Based Job Analysis and The Self-Serving Bias', *Journal of Business and Psychology* 20(2) (2005), pp. 275-290. DOI: 10.1007/s10869-005-8264-2

· Davidai, S., and T. Gilovich, 'The ideal road not taken: The self-discrepancies involved in people's most enduring regrets', *Emotion* 18/3 (2018), pp. 439–452. http://dx.doi.org/10.1037/emo0000326

· Davison, I. M., and A. Feeney, 'Regret as autobiographical memory', *Cognitive*

Psychology 57/4 (2008), pp. 385–403. https://doi.org/10.1016/j.cogpsych.2008.03.001

· De Neve, J.-E., N. A. Christakis, J. H. Fowler and B. S Frey, 'Genes, economics, and happiness', *Journal of Neuroscience, Psychology, and Economics* 5/4 (2012), pp. 193–211. https://doi.org/10.1037/a0030292

· Di Stasio, V., and A. Heath, 'Are employers in Britain discriminating against ethnic minorities?' (2019). Summary of findings from GEMM project. Oxford: Centre for Social Investigation. Retrieved from: http://csi.nuff.ox.ac.uk/wp-content/uploads/2019/01/Are-employers-in-Britain-discriminating-against-ethnic-minorities_final.pdf

· Dolan, P., and G. Lordan, 'Climbing up ladders and sliding down snakes: An empirical assessment of the effect of social mobility on subjective wellbeing', *Review of Economics of the Household* (May 2020). https://doi.org/10.1007/s11150-020-09487-x

· Eckel, C., A. C. M. de Oliveira and P. J. Grossman, 'Gender and negotiation in the small: Are women (perceived to be) more cooperative than men?' *Negotiation Journal* 24/4 (2008), pp.429–445. https://doi.org/10.1111/j.1571-9979.2008.00196.x

· Elfring, T., and W. Hulsink, 'Networks in entrepreneurship: The case of high-technology firms', *Small Business Economics* 21/4 (2003), pp. 409–422. https://doi.org/10.1023/A:1026180418357313

· Emmons, R. A., and M. E. McCullough, 'Counting blessings versus burdens: An experimental investigation of gratitude and subjective well-being in daily life', *Journal of Personality and Social Psychology* 84/2 (2003), pp. 377–389. https://doi.org/10.1037/0022-3514.84.2.377

· Farmer, A., O. Gibson, P. Hayton, K. Bryden, C. Dudley, A. Neil and L. Tarassenko, 'A real-time, mobile phone-based telemedicine system to support young adults with type 1 diabetes', *Informatics in Primary Care* 13/3 (2005), pp. 171–178. http://dx.doi.org/10.14236/jhi.v13i3.594

· Feinstein, B., 'The dynasty advantage: Family ties in congressional elections', *Legislative Studies Quarterly* 35/4 (2010), pp. 571–598. https://doi.org/10.3162/036298010793322366

· Freund, P. A., and N. Kasten, 'How smart do you think you are? A meta-analysis on the validity of self-estimates of cognitive ability', *Psychological Bulletin* 138/2 (2012), pp. 296–321. https://doi.org/10.1037/a0026556

· Friedman, S., D. O'Brien and D. Laurison, "'Like skydiving without a parachute": How class origin shapes occupational trajectories in British acting', *Sociology* 51/5 (2017), pp. 992–1010. https://doi.org/10.1177/0038038516629917

· Galdi, S., M. Cadinu and C. Tomasetto, 'The roots of stereotype threat: When automatic associations disrupt girls' math performance', *Child Development* 85/1 (2014), pp. 250–263. https://doi.org/10.1111/cdev.12128

· Gander, F., R. T. Proyer, W. Ruch and T. Wyss, 'Strength-based positive interventions: Further evidence for their potential in enhancing well-being and lleviating depression', *Journal of Happiness Studies* 14/4 (2013), pp. 1241–1259. https://doi.org/10.1007/s10902-012-9380-0

· Gershberg, F. B., and A. P. Shimamura, 'Serial position effects in implicit and explicit tests of memory', *Journal of Experimental Psychology: Learning, Memory, and Cognition* 20/6 (1994), pp. 1370–1378. https://doi.org/10.1037/0278-7393.20.6.1370

· Gilovich, T., V. Medvec and D. Kahneman, 'Varieties of regret: A debate and partial resolution', *Psychological Review* 105/3 (1998), pp. 602–605. http://dx.doi.org/10.1037/0033-295X.105.3.602

· Gilovich, T., V. Medvec and K. Savitsky, 'The spotlight effect in social judgment: An egocentric bias in estimates of the salience of one's own actions and appearance', *Journal of Personality and Social Psychology* 78/2 (2000), pp. 211–222. https://doi.org/10.1037//0022-3514.78.2.211

· Goldin, C., and C. Rouse, 'Orchestrating impartiality: The impact of "blind" auditions on female musicians', *American Economic Review* 90/4 (2000), pp. 715–741. https://doi.org/ 10.1257/aer.90.4.715

· Goyal, M., S. Singh, E. M. S. Sibinga, N. F. Gould, A. Rowland-Seymour, R. Sharma, Z. Berger, D. Sleicher, D. D. Maron, H. M. Shihab, P. D. Ranasinghe, S. Linn, S. Saha, E. B. Bass and J. A. Haythornthwaite, 'Meditation programs for psychological stress and well-being: A systematic review and meta-analysis', *JAMA Internal Medicine* 174/3 (2014), pp. 357–368. https://doi.org/10.1001/jamainternmed.2013.13018

· Grebner, S., N. Semmer, L. Faso, L. Lo, S. Gut, W. Kälin and A. Elfering, 'Working conditions, well-being, and job-related attitudes among call centre agents', *European Journal of Work and Organizational Psychology* 12(4) (2003), pp. 341– 365. https://doi.org/10.1080/13594320344000192

- Grossman, P., L. Niemann, S. Schmidt and H. Walach, 'Mindfulness-based stress reduction and health benefits: A meta-analysis', *Journal of Psychosomatic Research* 57/1 (2004), pp. 35–43. https://doi.org/10.1016/S0022-3999(03)00573-7
- Gu, Q., and C. Day, 'Teachers' resilience: A necessary condition for effectiveness', *Teaching and Teacher Education* 23/8 (2007), pp. 1302–1316. https://doi.org/10.1016/j.tate.2006.06.006
- Harvey, W. S., 'Strong or weak ties? British and Indian expatriate scientists finding jobs in Boston', *Global Networks* 8/4 (2008), pp. 453–473. https://doi.org/10.1111/j.1471-0374.2008.00234.x315
- Haworth, C., M. Wright, N. G. Martin, N. W. Martin, D. I. Boomsma, M. Bartels, D. Posthuma, O. S. P. Davis, A. M. Brant, R. P. Corley, J. K. Hewitt, W. G. Iacono, M. McGue, L. A. Thompson, S. A. Hart, S. A. Petrill, D. Lubinski and R. Plomin, 'A twin study of the genetics of high cognitive ability selected from 11,000 twin pairs in six studies from four countries', *Behavior Genetics* 39/4 (2009), pp. 359–370. https://www.ncbi.nlm.nih.gov/pmc/articles/PCMC2740717/pdf/nihms135626.pdf
- Heckman, J. J., and T. Kautz, 'Fostering and measuring skills: Interventions that improve character and cognition' (No. 19656) National Bureau of Economic Research (2013). https://doi.org/10.7208/chicago/9780226100128.003.0009
- Hellerstein, J., M. Mcinerney and D. Neumark, 'Neighbors and coworkers: The importance of residential labor market networks', *Journal of Labor Economics* 29/4 (2011), pp. 659–695. https://doi.org/10.1086/660776
- Hollands, G. J., G. Bignardi, M. Johnston, M. P. Kelly, D. Ogilvie, M. Petticrew, A. Prestwich, I. Shemilt, S. Sutton and T. M. Marteau, 'The TIPPME intervention typology for changing environments to change behavior', *Nature Human Behaviour* 1 (2017). https://doi.org/10.1038/s41562-017-0140
- Ioannides, Y., and L. Loury, 'Job information networks, neighborhood effects, and inequality', *Journal of Economic Literature* 42/4 (2004), pp. 1056–1093. https://doi.org/10.1257/0022051043004595
- Jackson, C. K., and E. Bruegmann, 'Teaching students and teaching each other: The

importance of peer learning for teachers', *American Economic Journal: Applied Economics* 1/4 (2009), pp. 85–108. https://doi.org/10.1257/app.1.4.85

· Jacobs, K. W., and J. F. Suess, 'Effects of four psychological primary colors on anxiety state', *Perceptual and Motor Skills* 41(1) (1975), pp. 207–210. https://doi.org/10.2466/pms.1975.41.1.207

· Jahncke, H., S. Hygge, N. Halin, A. M. Green and K. Dimberg, 'Open-plan office noise: Cognitive performance and restoration', *Journal of Environmental Psychology* 31/4 (2011), pp. 373–382. https://doi.org/10.1016/j.jenvp.2011.07.002

· Johnston, D. W., and G. Lordan, 'Racial prejudice and labour market penalties during economic downturns', *European Economic Review* 84 (2016), pp. 57–75. https://doi.org/10.1016/j.euroecorev.2015.07.011

· Joshi, S., 'The sick building syndrome', *Indian Journal of Occupational and Environmental Medicine* 12/2 (2008), p. 61. https://doi.org/10.4103/0019-5278.43262

· Kahneman, D., and A. Tversky, 'Prospect theory: An analysis of decision under risk', *Econometrica* 47/2 (1979), pp. 263–291. https://doi.org/10.1142/9789814417358_0006

· Khan, U., M. Zhu and A. Kalra, 'When trade-offs matter: The effect of choice construal on context effects', *Journal of Marketing Research* 48/1 (2011), pp. 62–71. https://doi.org/10.1509/jmkr.48.1.62

· Killen, A., and A. Macaskill, 'Using a gratitude intervention to enhance well-being in older adults', *Journal of Happiness Studies* 16/4 (2015), pp. 947–964. https://doi.org/10.1007/s10902-014-95

· Kirkcaldy, B. D., and T. Martin, 'Job stress and satisfaction among nurses: Individual differences', *Stress Medicine* 16/2 (2000), pp. 77–89. https://doi.org/10.1002/(SICI)1099-1700(200003)16:2<77;;AID-SMI835>3.0.CO;2-Z

· Kirkwood, J., 'Tall poppy syndrome: Implications for entrepreneurship in New Zealand', *Journal of Management and Organization* 13/4 (2007), pp. 366–382. https://doi.org/10.1017/S1833367200003606

· Kirwan-Taylor, H., 'Are you suffering from tall poppy syndrome', *Management Today* 15 (2006). https://www.managementtoday.co.uk/suffering-tall-poppy-syndrome/article/550558

- Kluger, A., and A. DeNisi, 'The effects of feedback interventions on performance: A historical review, a meta-analysis, and a preliminary feedback intervention theory', *Psychological Bulletin* 119/2 (1996), pp. 254–284. https://doi.org/10.1037/0033-2909.119.2.254
- Koestner, R., N. Lekes, T. Powers and E. Chicoine, 'Attaining personal goals: Self-concordance plus implementation intentions equals success', *Journal of Personality and Social Psychology* 83/1 (2002), pp. 231–244. http://dx.doi.org/10.1037/0022-3514.83.1.231
- Laibson, D., and J. List, 'Principles of (behavioral) economics', *American Economic Review* 105/5 (2015), pp. 385–390. https://doi.org/10.1257/aer.p20151047
- Lan, L., Z. Lian, L. Pan and Q. Ye, 'Neurobehavioral approach for evaluation of office workers' productivity: The effects of room temperature', *Building and Environment* 44/8 (2009), pp. 1578–1588. https://doi.org/10.1016/j.buildenv.2008. 10.004
- Lan, L., P. Wargocki, D. P. Wyon and Z. Lian, 'Effects of thermal discomfort in an office on perceived air quality, SBS symptoms, physiological responses, and human performance', *Indoor Air* 21/5 (2011), pp. 376–390. https://doi.org/10.1111/j.1600-0668.2011.00714.x
- Landry, C. E., A. Lange, J. A. List, M. K. Price and N. G. Rupp, 'Toward an understanding of the economics of charity: Evidence from a field experiment', *The Quarterly Journal of Economics* 121/2 (2006), pp. 747–782. https://doi.org/10.1162/qjec.2006. 121.2.747
- Latham, G. P., and E. A. Locke, 'Enhancing the benefits and overcoming the pitfalls of goal setting', *Organizational Dynamics* 35/4 (2006), pp. 332–340. https://www.sciencedirect.com/science/article/abs/pii/S0090261606000054?via%3Dihub
- Lau, R. W. L., and S.-T. Cheng, 'Gratitude lessens death anxiety', *European Journal of Ageing* 8/3 (2011), pp. 169–175. https://doi.org/10.1007/s10433-011-0195-3
- Lehrl, S., K. Gerstmeyer, J. H. Jacob, H. Frieling, A. W. Henkel, R. Meyrer, J. Wiltfang, J. Kornhuber and S. Bleich, 'Blue light improves cognitive performance', *Journal of Neural Transmission* 114/4 (2007), pp. 457–460. https://doi.org/10.1007/s00702-006-0621-4
- Levin, D. Z., and R. Cross, 'The strength of weak ties you can trust: The mediating role of trust in effective knowledge transfer', *Management Science* 50/11 (2004), pp.

1477–1490. https://doi.org/10.1287/mnsc.1030.0136

- Levin, I. P., S. L. Schneider and G. J. Gaeth, 'All frames are not created equal: A typology and critical analysis of framing effects', *Organizational Behavior and Human Decision Processes* 76/2 (1998), pp. 149–188. https://doi.org/10.1006/obhd.1998.2804
- Locke, E. A., D. O. Chah, S. Harrison and N. Lustgarten, 'Separating the effects of goal specificity from goal level', *Organizational Behavior and Human Decision Processes* 43/2 (1989), pp. 270–287. https://doi.org/10.1016/0749-5978(89)90053-8
- Locke, E. A., and G. P. Latham, 'Building a practically useful theory of goal setting and task motivation', *American Psychologist* 57/9 (2002), pp. 705–717. https://doi.org/10.1037//0003-066X.57.9.705
- Lohr, V. I., C. H. Pearson-Mims and G. K. Goodwin, 'Interior plants may improve worker productivity and reduce stress in a windowless environment', *Journal of Environmental Horticulture* 14/2 (1996), pp. 97–100. https://doi.org/10.24266/0738- 2898-14.2.97
- Lundberg, S., and J. Stearns, 'Women in economics: Stalled progress', *Journal of Economic Perspectives* 33/1 (2019), pp. 3–22. https://doi.org/10.1257/jep.33.1.3
- Lykken, D., and A. Tellegen, 'Happiness is a stochastic phenomenon', *Psychological Science* 7/3 (May 1996), pp. 186–189. https://doi.org/10.1111/j.1467-9280.1996.tb00355.x
- Maddi, S., 'The story of hardiness: Twenty years of theorizing, research, and practice', *Consulting Psychology Journal: Practice and Research* 54/3 (2002), pp. 173–185. https://doi.org/10.1037/1061-4087.54.3.173
- Mas, A., and E. Moretti, 'Peers at work', *The American Economic Review* 99/1 (2009), pp. 112–145. https://doi.org/10.1257/aer.99.1.112
- Mawson, A., 'The workplace and its impact on productivity', *Advanced Workplace Associates, London* 1 (2012), pp. 1–12.
- Mayo, M., 'If humble people make the best leaders, why do we fall for charismatic narcissists?' *Harvard Business Review* (7 April 2018). Retrieved from: https://hbr.org/2017/04/if-humble-people-make-the-best-leaders-why-do-we-fall-for-charismatic-narcissists
- McElwee, R. O., D. Dunning, P. L. Tan and S. Hollmann, 'Evaluating others: The role of

who we are versus what we think traits mean', *Basic and Applied Social Psychology* 23/2 (2001), pp. 123–136. https://doi.org/10.1207/153248301300148872

· McFedries, P., 'Tall poppy syndrome dot-com', *IEEE Spectrum* 39/12 (2002), p. 68. https://ieeexplore.ieee.org/document/1088460

· Megginson, W. L., and K. A. Weiss, 'Venture capitalist certification in initial public offerings', *The Journal of Finance* 46/3 (1991), pp. 879–903. https://doi.org/10.1111/j.1540-6261.1991.tb03770.x

· Mehta, R., and R. Zhu, 'Blue or red? Exploring the effect of color on cognitive task performances', *Science* 323/5918 (2009), pp. 1226–1229. https://doi.org/10.1126/science.1169144

· Miller, J., 'Tall poppy syndrome (Canadians have a habit of cutting their female achievers down)', *Flare* 19/4 (1997), pp. 102–106.

· Morrison, M., and N. Roese, 'Regrets of the typical American: Findings from a nationally representative sample', *Social Psychological and Personality Science* 2/6 (2011), pp. 576–583. https://journals.sagepub.com/doi/abs/10.1177/1948550611401756?journalCode-sppa

· Mukae, H., and M. Sato, 'The effect of color temperature of lighting sources on the autonomic nervous functions', *The Annals of Physiological Anthropology* 11/5 (1992), pp. 533–538. https://doi.org/10.2114/ahs1983.11.533

· Müller, K. W., M. Dreier, M. E. Beutel, E. Duven, S. Giralt and K. Wölfling, 'A hidden type of internet addiction? Intense and addictive use of social networking sites in adolescents', *Computers in Human Behavior* 55/A (2016), pp. 172–177. https://doi.org/10.1016/j.chb.2015.09.007

· Münch, M., F. Linhart, A. Borisuit, S. M. Jaeggi and J. L. Scartezzini, 'Effects of prior light exposure on early evening performance, subjective sleepiness, and hormonal secretion', *Behavioral Neuroscience* 126/1 (2012), pp. 196–203. https://doi.org/10.1037/a0026702

· Neumark, D., I. Burn and P. Button, 'Is it harder for older workers to find jobs? New and improved evidence from a field experiment', *Journal of Politica Economy* 127/2 (2019), pp. 922–970. https://www.journals.uchicago.edu/doi/abs/10.1086/701029

· Newark, D. A., V. Bohns and F. Flynn, 'The value of a helping hand: Do help-seekers accurately predict help quality?', *Academy of Management Proceedings* 2016/1

(2017). https://journals.aom.org/doi/abs/10.5465/ambpp.2016.11872abstract

· North, A., D. Hargreaves and J. McKendrick, 'The influence of in-store music on wine selections', *Journal of Applied Psychology* 84/2 (1999), pp. 271–276. https://doi.org/10.1037/0021-9010.84.2.271

· Novemsky, N., R. Dhar, N. Schwarz and I. Simonson, 'Preference fluency in choice', *Journal of Marketing Research* 44/3 (2007), pp. 347–356. https://doi.org/10.1509/jmkr.44.3.347 ·

· O'Brien, D., D. Laurison, A. Miles and S. Friedman, 'Are the creative industries meritocratic? An analysis of the 2014 British Labour Force Survey', *Cultural Trends* 25/2 (2016), pp. 116–131. https://doi.org/10.1080/09548963.2016.1170943

· O'Connor, Z., 'Colour psychology and colour therapy: Caveat emptor', *Color Research & Application* 36/3 (2011), pp. 229–234. https://doi.org/10.1002/col.20597

· O'Rourke, E., K. Haimovitz, C. Ballweber, C. S. Dweck and Z. Popović, 'Brain points: A growth mindset incentive structure boosts persistence in an educational game', *Conference on Human Factors in Computing Systems – Proceedings* (2014), pp. 3339–3348. https://doi.org/10.1145/2556288.2557157

· Obermayer, J. L., W. T. Riley, O. Asif and J. Jean-Mary, 'College smoking cessation using cell phone text messaging', *Journal of American College Health* 53/2 (2004), pp. 71–79. https://doi.org/10.3200/JACH.53.2.71-78

· Page, L., and K. Page, 'Last shall be first: A field study of biases in sequential performance evaluation on the Idol series', *Journal of Economic Behavior and Organization* 73/2 (2010), pp. 186–198. https://doi.org/10.1016/j.jebo.2009.08.012

· Paunesku, D., G. M. Walton, C. Romero, E. N. Smith, D. S. Yeager and C. S. Dweck, 'Mind-set interventions are a scalable treatment for academic underachievement', *Psychological Science* 26/6 (2015), pp. 784–793. https://doi.org/10.1177/0956797615571017

· Pinchot, S., B. J. Lewis, S. M. Weber, L. F. Rikkers and H. Chen, 'Are surgical progeny more likely to pursue a surgical career?' *Journal of Surgical Research* 147/2 (2008), pp. 253–259. https://doi.org/10.1016/j.jss.2008.03.002

· Plomin, R., and I. J. Deary, 'Genetics and intelligence differences: Five special findings', *Molecular Psychiatry* 20/1 (2015), pp. 98–108. https://doi.org/10.1038/mp.2014.105

- Preziosi, P., S. Czernichow, P. Gehanno and S. Hercberg, 'Workplace air-conditioning and health services attendance among French middle-aged women: A prospective cohort study', *International Journal of Epidemiology* 33/5 (2004), pp. 1120–1123. https://doi.org/10.1093/ije/dyh136
- Quillian, L., D. Pager, O. Hexel and A. H. Midtbøen, 'Meta-analysis of field experiments shows no change in racial discrimination in hiring over time', *Proceedings of the National Academy of Sciences* 114/41 (2017), pp. 10870-10875. https://doi.org/10.1073/pnas.1706255114
- Quoidbach, J., D. T. Gilbert and T. D. Wilson, 'The end of history illusion', *Science* 339/6115 (2013), pp. 96–98. https://doi.org/10.1126/science.1229294
- Raanaas, R. K., K. H. Evensen, D. Rich, G. Sjøstrøm and G. Patil, 'Benefits of indoor plants on attention capacity in an office setting', *Journal of Environmental Psychology* 31/1 (2011), pp. 99–105. https://doi.org/10.1016/j.jenvp.2010.11.005
- Riach, P. A., and J. Rich, 'An experimental investigation of sexual discrimination in hiring in the English labor market', *Advances in Economic Analysis & Policy* 5/2 (2006), pp. 1–22. https://doi.org/10.2202/1538-0637.1416
- Riley, W. B., and K. V. Chow, 'Asset allocation and individual risk aversion', *Financial Analysts Journal* 48/6 (1992), pp. 32–37. https://doi.org/10.2469/faj.v48.n6.32
- Roghanizad, M. M., and V. K. Bohns, 'Ask in person: You're less persuasive than you think over email', *Journal of Experimental Social Psychology* 69 (2017), pp. 223–226. https://doi.org/10.1016/j.jesp.2016.10.002
- Rose, A., *The Alison Rose Review of Female Entrepreneurship* (2019). https://assets.publishing.service.gov.uk/government/uploads/system/uploads/attachment_data/file/784324/RoseReview_Digital_FINAL.PDF
- Rosenthal, R., and L. Jacobson, 'Pygmalion in the classroom', *The Urban Review* 3/1(1968), pp. 16–20. https://doi.org/10.1007/BF02322211
- Rosso, B. D., K. H. Dekas and A. Wrzesniewski, 'On the meaning of work: A theoretical integration and review', *Research in Organizational Behavior* 30/C (2010), pp. 91–127. https://doi.org/10.1016/j.riob.2010.09.001
- Rothbard, N., and S. Wilk, 'Waking up on the right or wrong side of the bed: Start-of-workday mood, work events, employee affect, and performance', *Academy of Management Journal* 54/5 (2011), pp. 959–980.

- Rout, U., C. L. Cooper and J. Rout, 'Job stress among British general practitioners: Predictors of job dissatisfaction and mental ill-health', *Stress Medicine* 12/3 (1996), pp. 155–166. https://interruptions.net/literature/Rout-StressMedicine96.pdf
- Rowe, C., J. M. Harris and S. C. Roberts, 'Seeing red? Putting sportswear in context', *Nature* 437/7063 (2005), p. 10. https://www.nature.com/articles/nature04306
- Sacerdote, B., 'Peer effects with random assignment: Results for Dartmouth roommates', *The Quarterly Journal of Economics* 116/2 (2001), pp. 681–704. https://doi.org/10.1162/00335530151144131
- Schmidt, U., and S. Traub, 'An experimental test of loss aversion', *Journal of Risk and Uncertainty* 25/3 (2002), pp. 233–249. https://doi.org/10.1023/A:1020923921649
- Scoppa, V., 'Intergenerational transfers of public sector jobs: A shred of evidence on nepotism', *Public Choice* 141/1 (2009), pp. 167–188. https://doi.org/10.1007/s11127-009-9444-9
- Seligman, M. E. P., T. A. Steen, N. Park and C. Peterson, 'Positive psychology progress: Empirical validation of interventions', *American Psychologist* 60/5 (2005), pp. 410–421. https://doi.org/10.1037/0003-066X.60.5.410
- Seligman, M. E. P., 'Building resilience', *Harvard Business Review* 89/4 (2011), pp. 100–106. https://hbr.org/2011/04/building-resilience
- Shaw, K. L., 'An empirical analysis of risk aversion and income growth', *Journal of Labor Economics* 14/4 (1996), pp. 626–653. https://doi.org/10.1086/209825
- Simons, D., and C. Chabris, 'Gorillas in our midst: Sustained inattentional blindness for dynamic events', *Perception* 28/9 (1999), pp. 1059–1074.
- Slovic, P., M. L. Finucane, E. Peters and D. G. Macgregor, 'The affect heuristic', *European Journal of Operational Research* 177/3 (2007), pp. 1333–1352. https://doi.org/10.1016/j.ejor.2005.04.006
- Smith, B., W. Dalen, J. Wiggins, K. Tooley, E. Christopher and P. Bernard, 'The brief resilience scale: Assessing the ability to bounce back', *International Journal of Behavioral Medicine* 15/3 (2008), pp. 194–200. DOI: 10.1080/10705500802222972
- Soldat, A. S., R. C. Sinclair and M. M. Mark, 'Color as an environmental processing cue: External affective cues can directly affect processing strategy without affecting mood', *Social Cognition* 15/1 (1997), pp. 55–71. https://doi.org/10.1521/soco.1997.15.1.55

- Solnick, S. J., 'Gender differences in the ultimatum game', *Economic Inquiry* 39/2 (2001), pp. 189–200. https://doi.org/10.1111/j.1465-7295.2001.tb00060.x
- Steidle, A., and L. Werth, 'Freedom from constraints: Darkness and dim illumination promote creativity', *Journal of Environmental Psychology* 35 (2013), pp. 67–80. https://doi.org/10.1016/j.jenvp.2013.05.003
- Stinebrickner, R., and T. R. Stinebrickner, 'What can be learned about peer effects using college roommates? Evidence from new survey data and students from disadvantaged backgrounds', *Journal of Public Economics*, 90/8-9 (2006), pp. 1435–1454. https://doi.org/10.1016/j.jpubeco.2006.03.002
- Stotts, A. L., J. Y. Groff, M. M. Velasquez, R. Benjamin-Garner, C. Green, J. P. Carbonari and C. C. DiClemene, 'Ultrasound feedback and motivational interviewing targeting smoking cessation in the second and third trimesters of pregnancy', *Nicotine and Tobacco Research* 11/8 (2009), pp. 961–968. https://doi.org/10.1093/ntr/ntp095
- Stubbe, J. H., D. Posthuma, D. I. Boomsma and E. J. C. De Geus, 'Heritability of life satisfaction in adults: A twin-family study', *Psychological Medicine* 35/11 (2005), pp. 1581–1588. https://doi.org/10.1017/S0033291705005374
- Sung, J., and S. Hanna, 'Factors related to risk tolerance', *Journal of Financial Counseling and Planning* 7 (1996), pp. 11–19. https://doi.org/10.2139/ssrn.2234
- Tice, D. M., R. F. Baumeister, D. Shmueli and M. Muraven, 'Restoring the self: Positive affect helps improve self-regulation following ego depletion', *Journal of Experimental Social Psychology* 43/3 (2007), pp. 379–384. https://doi.org/10.1016/j.jesp.2006.05.007
- Tiefenbeck, V., L. Goette, K. Degen, V. Tasic, E. Fleisch, R. Lalive and T. Staake, 'Overcoming salience bias: How real-time feedback fosters resource conservation', *Management Science* 64/3 (March 2013), pp. 1458–1476. https://doi.org/10.3929/ethz-b-000122629
- Volpp, K., L. John, A. Troxel, L. Norton, J. Fassbender and G. Loewenstein, 'Financial incentive-based approaches for weight loss: A randomized trial', *JAMA* 300/22 (2008), pp. 2631–2637. https://doi.org/10.1001/jama.2008.804
- Walton, G. M., and G. L. Cohen, 'A brief social-belonging intervention improves academic and health outcomes of minority students', *Science* 331/6023 (2011), pp. 1447–1451. https://doi.org/10.1126/science.1198364

- Wargocki, P., D. Wyon, J. Sundell, G. Clausen and P. O. Fanger, 'The effects of outdoor air supply rate in an office on perceived air quality, Sick Building Syndrome (SBS) symptoms and productivity', *Indoor Air* 10/4 (2000), pp. 222–236. https://onlinelibrary.wiley.com/doi/pdf/10.1034/j.1600-0668.2000.010004222.x
- Watson, J., and M. McNaughton, 'Gender differences in risk aversion and expected retirement benefits', *Financial Analysts Journal* 63/4 (2007), pp. 52–62. https://doi.org/10.2469/faj.v63.n4.4749
- Yakubovich, V., 'Weak ties, information, and influence: How workers find jobs in a local Russian labor market', *American Sociological Review* 70/3 (2005), pp. 408–421. https://doi.org/10.1177/000312240507000303
- Yeager, D. S., C. S. Hulleman, C. Hinojosa, H. Y. Lee, J. O'Brien, C. Romero, D. Paunesku, B. Schneider, K. Flint, A. Roberts, J. Trott, D. Greene, G. M. Walton and C. S. Dweck, 'Using design thinking to improve psychological interventions: The case of the growth mindset during the transition to high school', *Journal of Educational Psychology* 108/3 (2016), pp. 374–391. https://doi.org/10.1037/edu0000098
- Zimmerman, D. J., 'Peer effects in academic outcomes: Evidence from a natural experiment', *Review of Economics and Statistics* 85/1 (2003), pp. 9–23. https://doi.org/10.1162/003465303762687677

國家圖書館出版品預行編目(CIP)資料

大局思維：倫敦政經學院行為科學教授,教你如何放大格局、掌握
關鍵,達成最有利的職涯擴張目標/葛蕾絲.洛登(Grace Lordan)著；
洪慈敏譯. -- 初版. -- 臺北市：遠流出版事業股份有限公司, 2021.09
　面；　公分
譯自：Think big : take small steps and build the career you want
ISBN 978-957-32-9227-2(平裝)

1.職場成功法　2.行為科學

494.35　　　　　　　　　　　　　　　　　　　　110011596

大局思維

倫敦政經學院行為科學教授，教你如何放大格局、掌握關
鍵，達成最有利的職涯擴張目標
Think Big: Take Small Steps and Build the Career You Want

作　　者	葛蕾絲・洛登 Grace Lordan
譯　　者	洪慈敏
主　　編	盧羿珊
校　　對	徐采琪
封面設計	陳文德
內頁設計	葉若蒂
內文排版	菩薩蠻電腦科技有限公司

發 行 人　王榮文
出版發行　遠流出版事業股份有限公司
　　　　　104台北市中山區中山北路一段11號13樓
　　　　　電話（02）2571-0297
　　　　　傳真（02）2571-0197
　　　　　郵撥 0189456-1
著作權顧問　蕭雄淋律師

定　　價　450元
初版一刷　2021年9月1日

遠流博識網　www.ylib.com　E-mail: ylib@ylib.com
遠流粉絲團　www.facebook.com/ylibfans